引汉济渭工程

调 — 输 — 配

联动水量调控模式研究

张晓 罗军刚 解建仓 等 著

中国水利水电出版社
www.waterpub.com.cn
·北京·

内 容 提 要

本书基于引汉济渭调水工程，对调水工程的调-输-配联动水量调控模式进行了深入研究。本书主要内容包括：跨流域调水工程的研究背景及意义、研究进展、存在问题；调水工程调-输-配联动水量调控模式研究；工程水量调配集成服务平台；调输配一体化数字水网；水库多模型径流预测及区间化预测机制；多水源多尺度嵌套滚动修正调度；滚动嵌套机制下的计划与实时互馈调度；调度方案动态评价；输水隧洞输水模型构建与业务化实现；基于数字水网的受水区水资源供需平衡分析；基于数字水网的受水区水资源优化配置；受水区水资源优化配置方案优选；基于数字水网的水量联合调配。

本书适合调水工程管理、研究、设计、建设领域的相关人员参考，也适合高等院校相关专业的师生参考。

图书在版编目（ＣＩＰ）数据

引汉济渭工程调—输—配联动水量调控模式研究 /
张晓等著. -- 北京 : 中国水利水电出版社，2022.7
ISBN 978-7-5226-0920-1

Ⅰ．①引… Ⅱ．①张… Ⅲ．①跨流域引水－调水工程
－调度－研究－陕西、湖北 Ⅳ．①TV68

中国版本图书馆CIP数据核字(2022)第148124号

书　　名	引汉济渭工程调-输-配联动水量调控模式研究 YINHANJIWEI GONGCHENG DIAO - SHU - PEI LIANDONG SHUILIANG TIAOKONG MOSHI YANJIU
作　　者	张晓　罗军刚　解建仓　等著
出版发行	中国水利水电出版社 （北京市海淀区玉渊潭南路 1 号 D 座　100038） 网址：www. waterpub. com. cn E - mail：sales@mwr. gov. cn 电话：(010) 68545888 （营销中心）
经　　售	北京科水图书销售有限公司 电话：(010) 68545874、63202643 全国各地新华书店和相关出版物销售网点
排　　版	中国水利水电出版社微机排版中心
印　　刷	清淞永业（天津）印刷有限公司
规　　格	184mm×260mm　16 开本　12.5 印张　304 千字
版　　次	2022 年 7 月第 1 版　2022 年 7 月第 1 次印刷
印　　数	0001—1000 册
定　　价	**78.00 元**

前言
FOREWORD

　　引汉济渭是陕西省目前规模最大、影响最为深远的战略性、基础性和全局性跨流域调水工程，地跨黄河、长江两大流域，穿越秦岭屏障，无论工程量还是技术难度都是我国水利史上里程碑式的工程。工程由调水工程与输配水工程两大部分组成，其中调水工程包括黄金峡水利枢纽、三河口水利枢纽、秦岭输水隧洞三部分；输配水工程包括黄池沟配水枢纽、渭河南干线、渭河北干线及支线工程，工程设计年调水 15 亿 m³。工程运行业务上涵盖径流预测、水库调度、水电站运行调度、泵站运行调度、水资源配置等，时间上涉及长期、中期、短期，实时调度任务，环节众多、时空交织、业务交叉，使得工程的水量调配面临巨大的挑战。虽然调水工程的水量调配问题已开展了诸多研究，但是大都针对具体工程，研究成果针对性太强，尚无法直接应用于引汉济渭工程。针对引汉济渭工程虽有一些研究，但成果尚达不到实际应用水平。引汉济渭工程水量调配本质上是一个调水-输水-配水多节点联合联动，多业务、多层次、多尺度交叉耦合的调度问题，要能响应动态变化且具有可操作性，需要系统平台提供支撑。因此，迫切需要从实时调配的视角开展工程调-输-配联动水量调控模式及平台研究。

　　本书依托国家自然科学基金项目（51679186、51679188）、陕西省自然科学基础研究计划（2017JQ5076、2019JLZ－15、2019JLZ－16、2021JLM－45）、陕西省水利科技项目（2013slkj－27、2017slkj－27、2020slkj－16）等项目的部分研究成果，针对引汉济渭跨流域调水工程水量调配问题，统筹考虑水源工程-输水工程-配水工程空间上耦合连通，长期-中期-短期-实时多时间尺度约束反馈，来水-调水-输水-配水-用水全业务过程协同联动，构建工程调-输-配一体化数字水网，设计基于数字水网调-输-配联动的水量调配机制，建立调-输-配联动的水量调配技术方法体系，研发能响应动态变化、具有适应性和可操作性的水量调配集成平台，集成应用检验并升华形成工程调-输-配联动水量调控新模式，为工程水量调配提供科学支撑。

本书分为14章，内容包括工程水量调配集成服务平台设计、引汉济渭工程调-输-配一体化数字水网构建、水库多模型径流预测、多水源多尺度滚动修正反馈调度、调度方案动态评价、输水隧洞输水模型构建与业务化实现、基于数字水网的受水区水资源供需平衡分析、受水区水资源优化配置及配置方案优选、基于数字水网的水量联合调配等。

本书由张晓、罗军刚、解建仓主笔，陈晨、孙小梅、惠强等参与了书中部分工作。西安理工大学汪妮教授、朱记伟教授、姜仁贵教授、张刚副教授、魏娜讲师、杨雪讲师、左岗岗讲师，陕西省引汉济渭工程建设有限公司苏岩教高、石亚龙高工、肖瑜工程师、中国水利水电科研学院刘家宏教高、邵薇薇教高、黄子一工程师等在本书撰写过程中给予了大量帮助，在此一并表示衷心的感谢！

由于作者水平有限，书中难免存在疏漏和不足之处，敬请广大读者批评指正。

作者

2022 年 6 月

目录
CONTENTS

第 1 章

绪　论

1.1　研究背景及意义

水是生命之源、生产之要、生态之基，是社会经济发展的基础和命脉。在目前地球上现有的水量中，只有不到 2.53% 是淡水资源，2.99% 是湖泊、河流及浅层地下水等易被开发利用的水资源。根据有关资料统计，全世界存在缺水的国家已有 100 多个，其中 28个国家为缺水国或严重缺水国，30 年之后，缺水的国家将达到 40～50 个，缺水人口将达到 28 亿～33 亿人[1]。我国的水资源极其缺乏，人均水资源量不足 2189m³，仅能达到世界平均水平的 1/4。据统计，全国缺水的城市有 400 座，其中极度缺水的城市达到 110座。长期水资源短缺已经严重限制了我国的社会经济发展[2]。

在区域水资源有限的情况下，通过建设水利工程能对空间上的水资源进行重新优化分配，能有效缓解缺水地区对水资源的需求，同时解决水资源时间及空间上分布不均匀的缺点。目前，我国 10 万 m³ 以上的水库 98000 多座，其中，大型水库 700 多座，中型水库将近 4000 座，93000 多座小型水库[3]。这些水库工程的修建极大地缓解了缺水城市的水资源短缺问题，提高了社会经济发展效益。其中跨流域调水工程由于能更大限度利用水资源而受到广泛的关注。

跨流域调水工程是指修建于两个或多个流域之间的调水工程，将较丰流域的水资源通过管道或者渠道调入缺水地区，缓解该地区水资源短缺的一种方式[4]。跨流域调水工程主要由水源区、受水区以及输水管道（或渠道）组成。水源区指水资源量相对比较丰富，能够在满足自身区域发展的前提下可供其他流域调用的丰水地区；受水区指水资源量相对比较匮乏，需要从其他流域调入水资源的缺水地区；输水管道或渠道是指连接水源区和受水区、用以传输水资源的设备或工程。

目前世界上的各大江大河上基本都已建设了调水工程。京杭大运河是我国最早的以航运为主要目的的跨流域调水工程，而其他国家比较著名的调水工程主要有美国的加利福尼亚州调水、中央河谷及科罗拉多水道等调水工程，同时还有澳大利亚的魁北克调水工程、以色列北水南调工程、俄罗斯莫斯科运河工程等[5]。目前，我国已建 20 余座重点引水工程，调水线路长达 2000 多 km，调水总量 170 多亿 m³。如江苏省的江水北调工程、河北省的引黄入卫工程、甘肃省的引大入秦工程，这些工程都是以解决农业灌溉用水为主；山东省的引黄济青工程、天津市的引滦入津工程以及辽宁省的引碧入连工程都是以解决城市水资源短缺为主的。近年来，国家规划了一系列的跨流域调水工程，结合已建设的调水工程，逐步形成了"四横三纵、四片贯通、南北调配、东西互济"的布局[6]。其中，陕西省的引汉济渭工程从汉江调水入渭河，对解决关中地区的水资源短缺，促进其社会经济和生态环境的协调发展具有重要意义。

引汉济渭跨流域调水工程是陕西省目前规模最大、影响最为深远的战略性、基础性和全局性水资源配置工程，地跨黄河、长江两大流域，穿越秦岭屏障，无论工程量还是技术难度都是我国水利史上里程碑式的工程。工程由调水工程与输配水工程两大部分组成。其中调水工程包括黄金峡水利枢纽、三河口水利枢纽、秦岭输水隧洞三部分；输配水工程包括黄池沟配水枢纽、渭河南干线、渭河北干线及支线工程。供水对象包括 4 个重点城市、5 个新城、11 个县区和 2 个工业园区。工程设计年调水 15 亿 m³，规划 2025 年配水 10 亿 m³，2030 年配水 15 亿 m³。

随着调水工程的不断建设，跨流域调水工程系统逐渐形成以下特点：①涉及范围广，研究区域往往涉及多个流域及地区，流域或地区之间的利益冲突、水权转让等需要根据水资源的供需状况合理分配水资源；②多目标性，跨流域调水中的水库调度时往往承担防洪、发电、供水、航运等多个目标任务，需要权衡各个目标之间的冲突和效益，从而达到系统的整体最优；③拓扑结构复杂，将水源区水库群的串、并联关系，输水管道或渠道以及受水区的用户、配水管道、当地水利工程之间的关系统筹考虑形成复杂的水资源系统网络结构；④调配过程复杂，不仅涉及水库入库的径流预报，还要考虑多个水库之间的联合调度，水库自身泵站、发电机组的水量调配，以及受水区水资源配置问题。

由以上特点可知，跨流域调水工程的水量调配是以大规模、多层次、多目标、不确定性为显著特征，是典型的复杂决策问题，同时各种变化因素导致水量调配的需求会时刻发生变化。因此传统的调度运行方式已经不能完全适应于跨流域调水工程水量调配的要求，迫切需要从工程整体考虑，寻找新的水量调配模式。本书采用系统化思维、信息化手段、集成化应用、主题化服务的水量调配理念，提出具有可操作性、多业务综合集成、能够动态适应变化的跨流域调水工程水量调配模式，并以引汉济渭工程为研究对象，实现跨流域调水工程水量调配的综合集成应用。本书的研究成果不仅对完善跨流域调水工程水量调配理论和水量调配模式具有重要的科学意义，还为引汉济渭工程水量调配的管理、工程效益的发挥提供技术支撑。

1.2　研究进展

1.2.1　跨流域调水工程现状

据不完全统计，世界上已经有 40 多个国家和地区建成了 350 多项调水工程，年调水量达 5000 多亿 m³。国外的调水工程建设历史悠久，最早的调水工程出现于公元前 2500 年，苏美尔人在美索不达米亚南部开掘沟渠，引底格里斯河、幼发拉底河的河水，浇灌出了灿烂的"两河文明"。古埃及兴于公元前 2400 年将尼罗河水引至埃塞俄比亚高原南部，兴建了人类第一个跨流域调水工程，促进了古埃及文明的发展与繁荣[7]。20 世纪 50 年代后，国外开始大规模地兴建调水工程用以社会经济的发展。1963 年，以色列的北水南调工程，主输水管道长约 300km，年调水量达 14 亿 m^3，工程不仅带动了以色列南部经济发展，还把大片荒漠变为绿洲，扩大了以色列的生存空间[8]。美国西部干旱缺水，为此先后建成十几项调水工程，其中于 1973 年建成的加利福尼亚州北水南调工程最具代表性，该工程主干线长约 1060km，年调水量 50 亿 m^3，有效地改善了美国加利福尼亚州水资源分配不均问题，提升了加州社会经济发展的步伐[9]。1974 年，澳大利亚雪山工程建成，工程从斯诺伊河调水至西坡，为墨尔本、悉尼和堪培拉等缺水地区提供供水和发电，极大地缓解了这些地区的水资源短缺问题，增加了发电收益，促进了社会经济发展[10]。1977年，巴基斯坦的西水东调工程，即从西三河［印度河、杰赫勒姆（Jhelum）河、杰纳布（Chenab）河］向东三河［萨特莱杰（Sutlej）河、比阿斯（Beas）河、拉维河］调水，总输水流量近 3000 亿 m^3，年调水量达 1665 亿 m^3，使巴基斯坦全国的水资源配置现状得到了可观的改善，对促进经济社会的发展至关重要[11-12]。Churchill 工程是加拿大最典型的跨流域调水工程，它利用自然河床实现了跨流域的调水[13]。

我国早在公元前 486 年，吴王夫差开凿大运河时期，跨流域调水工程就已开始兴建，至今已经有 2500 多年的历史。20 世纪以后，随着我国社会经济的快速发展，水资源的供需矛盾日益突出，为了解决这一问题，我国先后建设了多项调水工程。1965 年，东深引水工程建成投产，全长约 83km，通过输水管道将东江的水引入深圳和香港，大大缓解了香港地区的淡水短缺问题。为了解决天津市和唐山市用水问题，国务院于 1981 年 9 月决定兴建引滦入津输水工程，跨流域从 300 多 km 以外引滦河水，1983 年 11 月工程竣工通水，年调水量达 10 亿 m^3，最大输水能力为 60～100m^3/s。1992 年竣工的山东省引黄济青工程是从黄河下游利津附近开挖渠道，将黄河水向南引入胶莱河至青岛，全长 290 多km，年供水量达 2 亿 m^3，缓解了青岛工农业生产和人民生活用水，也可防止青岛市的海水倒灌和地面沉降。1995 年甘肃省的引大入秦工程是将大通河水跨流域调至秦王川地区的一项大型自流灌溉引水工程，支渠以上工程全长 880km，主要由隧洞群、大渡槽、倒虹吸及明渠等建筑物组成，年调水量达 4.43 亿 m^3，极大地缓解了秦王川地区的缺水状况，为兰州、白银两市经济社会全面发展奠定了坚实基础。2002 年，南水北调工程开工建设，由东线、中线和西线三条调水线路组成，因与长江、黄河、淮河和海河四大江河相交汇，形成了"四横三纵"的总布局，工程东、中、西线总长度达 4350km，年调水量达 448 亿 m^3，4.38 亿人受益，工程的建设有利于促成中国水资源南北调配、东西互济的配置格局的形成。

综合上述可以看出，跨流域调水工程的主要发展趋势呈现以下几个特点：①由单一的供水目标向考虑城市、工业、农业、生态及航运等多目标发展；②供水网络从直线型向网络型发展，即由单一直线型的供水工程向跨流域、跨区域的调水工程发展；③工程的效益从单一的供水效益向综合性（水质、水量、水生态、水环境）效益发展；④调水工程的规划建设由简单型向复杂型发展。

1.2.2 水库调度

跨流域调水调度是根据水源区水库群的水量调配原则和所承担的任务，通过水库的调蓄运作，有目的地将水资源丰富流域的水输送给受水区，从而发挥水库的调节作用，来满足受水区的用水需求，提高水资源综合利用的一种方式。其中的核心业务是水库调度，目前水库调度方法主要包括常规调度方法和优化调度方法[14]。

1.2.2.1　常规调度

水库常规调度是基于历史径流资料，采用径流调节理论来确定水库的调度规则，绘制水库调度图，并指导水库水量调配的方法[15-16]。从 20 世纪开始，全世界开始大量兴建水库，1922 年苏联专家 A. A. 莫洛佐夫最早提出了水库调节概念，随着水库调节方法的不断完善和发展，最终形成以水库调度图为模型的水库常规调度方案，并一直沿用至今[17-18]。

常规调度方法以时历法为主，时历法是以实测径流资料为基础，按历时顺序逐时段进行水库水量蓄泄平衡的径流调节计算方法[19]，其计算结果（调节流量、水库蓄水量等）也是按历时顺序给出。采用此方法绘制水库调度图简单方便，同时在绘制调度图时考虑了诸多因素，因此该方法被广泛使用。然而常规调度方法需要实测历史数据作为计算依据，若数据缺乏代表性，采用调度图方法大多情况下只能得到合理解而不是最优解。针对所存在的这一问题，学者们开始研究调度图的优化。

1988 年，万俊等首次提出了联合调度图概念，针对 KC 判别式法的某些缺陷，建立基于联合调度图的水库群调度模型，用动态规划求解，最后验证了计算结果的合理性[20]。2002 年，宋雅坪建立了一套水库群电力优化调度图，该调度图具有可操作性、指导性强以及考虑因素全面的特点[21]。2005 年，尹正杰等以保证率和缺水量为目标，构建了水库调度图模型，通过具体水库的模拟运行结果评价可行解，绘制了该水库的调度图[22]。2007 年，周念来等在满足发电保证率的条件下，以年均发电量最大为目标，建立了基于模拟的水库调度图模型，采用蚁群算法对模型求解，以隔河岩水电站为例得出了比常规算法更优的解[23]。2009 年，刘心愿等建立了水库调度双层模型，模型将水电站出力调度图和处理分配模型相结合，同时采用 NSGA－Ⅱ 方法进行优化，可以极大地降低计算复杂度[24]。2013 年，王旭等将可行搜空空间引入传统遗传算法，建立了基于可行空间搜索遗传算法的调度图优化模型，克服了可行空间搜索困难的问题[25]。

常规调度的优化从对单库的研究转向了对水库群联合调度规则和水库群联合调度图的研究。2011 年，郭旭宁等建立了基于模拟-优化模式的水库群联合调度规则求解模型，以观音阁-葛窝-汤河水库群为例，采用改进粒子群算法（NSPSO）优化调度模型[26]。2012 年，郭旭宁等将水库的供水规则和调水规则相结合，提出了跨流域调水水库群联合调度规则，同时构建了水库群联合调度二层规划模型[27]。2014 年，王旭等针对水库群调度，构建了基于可行空间搜索遗传算法的水库群调度图优化模型，解决了水库群调度图优化难以搜索可行解的问题[28]。2016 年，万芳等建立了适用于跨流域水库群联合调度的三层规划模型，采用改进粒子群算法对其进行求解[29]。2018 年，刁艳芳等为水库群调度规则制定过程中的复杂问题，结合洪水预报信息的可利用性提出基于粒子群算法的梯级水库群联合防洪预报调度规则设计方法，通过实例得出制定的联合预报调度规则的调洪结果均满足防洪约束要求[30]。2021 年，钟加星等提出一种优化调度函数参数、追求调度结果逼近非劣前沿的新型调度函数提取方法并应用于溪洛渡-向家坝水库群调度规则优化。

综上可知，跨流域调水工程水库常规调度方法简单、实用，但调度结果往往只有一种可行解且求解精度不高，对常规调度方法的改进能有效地解决此问题；采用现代先进信息技术对方法进行快速、实时的改进，增加方法的适应性，进而大大提高了方法的实用性。因此水库常规调度方法仍然会在跨流域调水工程水量调配中扮演重要角色。

1.2.2.2 优化调度

1946年，Masse首次提出了水库优化调度，随着系统工程、优化技术以及现代信息技术的发展，水库优化调度的理论和应用研究取得了持续性发展[31]。

Bellman[32]等于1951年，通过对最优化问题的持续研究提出了动态规划法。1955年，Little[33]最早将动态规划应用于求解单库调度问题。1970年，Roefs和Bordin首先开始研究水库群调度问题[34]。随着水库群规模的不断扩大，动态规划算法易出现"维数灾"的缺点就显露出来了。为了克服这个问题，国外学者开始研究对动态规划算法的改进方法，Foufoula等通过对传统动态规划法的改进，提出梯度动态规划算法，有效缓解了算法的"维数灾"问题[35]。其他改进算法还有离散微分动态规划（DDDP）[36]、逐次逼近动态规划算法（DPSA）[37]、增量动态规划（IDP）[38]、逐步优化算法（POA）[39]等，均取得了不错的效果。Parikh针对水库不同时段的下泄流量建立模型，采用线性规划法计算，效果良好[40]。Becker将动态规划法和线性规划法相结合，构建了水库群线性规划调度模型[41]。Kuczera通过优化传统线性规划方法，提出改进的线性规划模型，并应用于水库调度问题[42]。Crawley提出应用分段化线性规划模型，并对澳大利亚Adelaide地区的水库群供水调度问题进行了分析计算[43]。Windsor将线性规划方法用于求解水库防洪调度问题，效果良好[44]。Ikura采用非线性规划方法优化大规模水库群调度问题，并得到了较好的供水调度方案[45]。

动态规划、线性规划算法在求解水库（群）调度问题时都或多或少会存在一些缺点，如动态规划易出现"维数灾"；运用线性规划时需要线性化处理调度模型及约束条件；非线性规划方法都需要一定的适用条件。随着现代信息技术的快速发展，智能算法的出现引起了国外学者的关注，如遗传算法（GA）[46]、人工神经网络（ANN）[47]、蚁群算法（ACO）[48]、粒子群算法（PSO）[49]等，由于智能算法求解速度快、收敛性好，也被广泛应用于求解水库（群）优化调度问题。

前文提到的动态规划、线性规划等算法是针对单目标调度的，而水库（群）调度是一个多目标、多约束的调度问题[50]。Deb等通过引入精英策略，提出改进的遗传算法，对水库多目标调度进行优化求解[51]。Hosseini等将局部搜索方法与NSGA-Ⅱ结合，提出了改进的NSGA-Ⅱ算法，以实例验证了该方法能提高求解水库群多目标调度的计算速度[52]。Kim等对韩国汉江上水库群采用NSGA-Ⅱ算法进行了多目标联合调度问题的分析[53]。Reddy等采用粒子群算法对水库多目标优化调度进行求解，得到了pareto非劣解集[54]。Guo等提出了一种改进的粒子群算法（NSPSO），并对水库群的多目标联合供水调度问题进行了优化[55]。Zitzler等提出了Pareto强度进化算法（SPEA），应用于求解多目标调度问题，结果表明比其他智能优化算法收敛速度更快[56]。

从上述文献可以看出，国外的学者对于水库优化调度侧重于调度模型及算法的研究，从最早的动态规划到后面出现的智能算法，虽然求解精度有一定的提高，但单纯地追求高精度或更快的求解速度并没有多大意义，还需要寻找一种调度模式将传统的调度方式应用于实际工程的水量调配中。

我国于 20 世纪 60 年代开始研究水库优化调度问题[57]。研究初期，水库优化调度模型的建立与求解就是学者们研究的主要方向[58]。水库优化调度模型经历了确定性到随机性、线性到非线性、单目标到多目标的研究发展[59]，模型的求解方法有动态规划算法、逐步优化算法、遗传算法、蚁群算法、其他智能算法及相应的改进算法等[60]。

1. 动态规划算法

动态规划算法（DP）最早于 20 世纪 60 年代被吴沧浦[61] 应用于水库调度中。但是动态规划算法在实际应用中常常会遇到"维数灾"的问题[62]，由于动态规划算法求解时，计算所需时间也会成倍增长，计算效率就会明显下降[63]。

由于传统 DP 算法在应用时存在计算量大、计算时间长及"维数灾"等问题，其求解速度很难满足水库群调度的时效性要求。因此，很多学者就此对其模型方法进行改进：一部分学者通过对 DP 原理进行改进，提出基于 DP 的一系列改进算法，如路志宏等提出了一种变状态空间动态规划法，给出了计算的实现步骤[64]。张诚等提出变阶段逐步优化算法用于梯级水电站的优化调度[65]。

离散微分动态规划（DDDP）算法通过"降维"策略，有效避免了"维数灾"问题[66]，路志宏等采用 DDDP 算法，建立了水库优化调度模型，并应用于陆浑水库，最终得出了该水库的优化调度结果[67]。温世亿等在 DDDP 算法中引入状态转移矩阵，提出了状态转移矩阵的确定性 DDDP 算法求解水库群优化调度问题[68]。史亚军等将灰色系统预测引入动态规划中，提出了基于 GDDDP 算法，解决了传统算法收敛性差的缺陷，使计算效率得到了显著提高[69]。李亮等提出了逐次逼近动态规划法（DPSA），克服了随机动态规划易出现"维数灾"的问题[70]。

另一部分学者通过缩减传统 DP 的搜索空间，以减少计算量，如明波等基于发电调度模型中水电站最小出力及下泄流量约束，提出搜索空间缩减法并将其与智能算法相耦合[71]；冯仲恺等提出了集成水库群优化调度多重复杂运行约束的知识规则降维方法[72]；赵铜铁钢等在"边际效用递减"的假设下分析得到两阶段水库调度中本时段泄水量、下一时段余留水量与本时段初水库蓄水量间的单调增加关系，将这一单调关系由两阶段推广到多阶段水库调度并进一步提出动态规划算法改进：搜索域缩减算法和邻域搜索算法[73]。纪昌明等在对动态规划处理调度问题原理和算法约束处理机制深入研究的基础上，提出基于可行域搜索映射的动态规划算法[74]。

2. 逐步优化算法（POA）

由于 DP 算法易出现维数灾问题限制其进一步发展，POA 算法的出现不会受此影响。POA 算法是 1975 年由加拿大学者 H. R. Howson 和 N. G. F. Sancho 年提出的[75]，将多阶段的问题转化为多个两阶段问题求解[76]，不同于传统动态规划算法，POA 算法不用对状态变量进行离散化，因此能收敛到全局最优解，同时也能避免出现"维数灾"[77]，故其在水库（群）调度中获得广泛应用。秦旭宝建立了 POA 算法的水库防洪优化调度模型，得出了合理的优化调度方案。

然而随着水库数目的增多，逐步优化算法采用逐阶段收缩的策略就暴露出收敛速度较慢，容易陷入寻优死点的缺点[78-79]。范春起将正交设计引入 POA 算法中，提出了基于正交设计的逐步优化算法（OPOA），分别从阶段维、状态维和空间维进行降维求解[80]。张诚等提出了基于逐步差分和变阶段优化改进策略的变阶段逐步优化算法并用于求解梯级水电站优化调度中，结果表明改进的 POA 算法克服了传统算法的局部收敛问题，寻优结果稳定[81]。POA 算法同时也能运用于求解多目标调度问题中，李继伟等采用三阶段 POA 算法对建立的多目标水沙联合调度模型进行优化，应用于三峡水库，获得了满意的水库发电非劣解集，验证了模型及求解方法的合理性和有效性[82]。

3. 遗传算法

遗传算法（Genetic Algorithm，GA）是一种随机搜索算法，由于其计算精度高、收敛速度快被用于求解传统方法难以解决的优化问题，以及对计算时效性要求不高或者目标函数计算复杂度不高的实时水库调度问题[83]。为了充分利用当今流行的多核配置资源提高梯级水库群优化调度的精细化管理水平，王森等提出梯级水库群优化调度并行自适应混沌整体退火遗传算法，通过实例验证，表明该方法大大减少了优化求解时间，提高了求解效率[84]。李想等提出了粗粒度并行遗传算法用于水库优化调度模型的求解，结果表明算法能有效地提高求解质量和计算效率，避免总群体趋于同化[85]。王旭等通过对传统遗传算法的改进，并应用于水库调度图优化模拟，与设计调度图模拟结果相比，发电效益及保证率均得到了明显提高[86]。郑姣提出了一种收敛性全面改善的改进自适应遗传算法[87]。许凌杰等通过对传统遗传算法的改进，提出具有罚函数的改进遗传算法并应用于求解水库防洪调度问题[88]。杨延伟将实数编码引入传统遗传算法中，该方法可以有效解决在约束条件限制以及惩罚函数惩罚下，出现的适应度较低，难以得到较优的解，且易陷入局部最优和提前收敛的问题[89]。

近些年，非支配排序遗传算法（NSGA-Ⅱ）[90-91] 的出现为解决水库多目标调度问题提供了一个新的解决途径[92]。肖刚等将 NSGA-Ⅱ算法应用于求解多目标水库防洪调度问题中，取得了很好的效果[93]。然而对于多余两个目标的水库优化调度问题，NSGA-Ⅱ还不能完全适用，需要对该方法进行改进。王学斌等提出了一种改进快速非劣排序遗传算法（ICGC-NSGA-Ⅱ）用于水库群多目标调度，用实例证明了该算法能在短时间内得到一组非劣解集[94]。王渤权等将自组织映射和遗传算法相结合，提出了自组织映射的多目标遗传算法，应用到以发电和供水为目标的水库多目标调度中，验证该算法的合理性与优越性[95]。戴凌全等提出带有精英保留策略的 NSGA-Ⅱ算法，并应用于三峡水库多目标调度，结果表明该算法兼顾多个调度目标且收敛性好，能提供多种可行的调度方案[96]。

4. 蚁群算法

蚁群算法最早是由 M. Dorigo、V. Maniezzo、A. Colorini 等提出的[97-99]。2005 年，徐刚等将蚁群算法应用于水库调度中，相对于传统动态规划法，该方法计算速度快，收敛性好，能解决动态规划易出现的"维数灾"问题[100]。由于蚁群算法易于演化停滞及陷入局部最优，学者通过对蚁群算法的改进来克服此缺陷。王志良等提出了基于混沌优化算法和蚁群算法的混合智能算法，并应用于求解水库调度问题中，结果表明该算法有较强的全局寻优能力。陈立华等针对梯级水库群优化调度的特点，提出了具有变异特征混合局部优化算法的蚁群系统（MSA-ACS），提高了蚁群算法的收敛性[101]。刘玒玒等通过对蚁群算法改进并应用于水库群的供水联合调度中，取得了很好的效果[102]。

5. 其他智能算法

除了前面介绍的遗传算法和蚁群算法，其他智能算法也相继出现，如：张双虎等提出并行组合模拟退火算法，并应用于求解水库调度问题，计算结果优于标准遗传算法[103]。邱林等将混沌算法用于优化水库防洪调度问题，同时具有较好的结果[104]。杨道辉等采用粒子群算法对建立的水库优化调度模型进行优化，结果表明，粒子群算法具有较快的计算速度[105]。

跨流域调水工程水库往往要承担多种调度任务，水量调配时需要权衡各调度任务之间的冲突关系，是一个典型的多变量、多目标、复杂的多目标调度问题。随着现代信息技术的发展，近几年多目标优化调度问题已经得到了学者们的广泛关注。对于多目标问题，只能求解可行解，一般无最优解[106]，而是得到一组非劣解，也成非劣解集，决策者从中选取出能尽可能满足不同目标的方案。然而传统的动态规划算法、逐步优化算法等是针对单目标问题的，运用这些方式时需要将多目标问题转换成单目标求解，显然无法满足实际调度的需求[107]。因此学者们开始重点研究能解决多目标问题的优化算法。Deb等在传统遗传算法的基础上，结合Pareto概念，提出了NSGA-Ⅱ算法[108]。罗军刚等将量子理论与粒子群算法结合，提出了一种量子多目标粒子群优化（QMOPSO）算法，并用于求解安矿水库的防洪调度问题，取得了较好的成果[109]。杨光等提出一种求解多目标问题的随机搜索启发式算法——Pareto存档动态维度搜索（PA-DDS），相比于NSGA-Ⅱ和多目标粒子群算法，PA-DDS算法能够得到更高质量的非劣解集[110]。

综合上述国内外研究可以看出，对于水库优化调度研究早期主要集中在调度模型的建立及求解方面，同时随着研究的不断深入，不同调度目标（单目标、多目标）的研究以及智能优化算法的研究已趋于成熟，并取得了很大的进步。但水库群优化调度问题是一个极其复杂的大系统调度问题，一方面"维数灾"问题还没有能够合理解决，目前也没有对于水库群联合调度的通用求解方法；另一方面随着水库群的综合开发，人类对于水资源里综合利用开发越来越高，优化调度模型的建立及求解也更难，未来长时间内仍将是学者们研究的重点[111]。因此有必要从生产需求和实际问题入手，结合新理论、新方法对水库群调度及跨流域水库群联合调度问题开展研究，为决策人员提供合理可行的调度模型及应用模式，进一步缩小理论研究和实际生产调度问题的差距。

1.2.2.3 水库群联合调度

跨流域调水工程在解决缺水地区水资源时空分配不均的问题上发挥了重要作用，跨流域水库群的联合调度对于发挥调水工程的效益有至关重要的作用，因此调水工程的联合调度方案是否合理、可行就非常重要。

随着跨流域调水工程的增多，对其水库群联合调度的研究也逐渐开始增多。Dosi等对调水水库蓄水能力和调水风险的关系进行了分析，得出可调水量的不确定性因素越高，需要水库的调节能力越大[112]。Jain等针对印度某跨流域调水工程，从水量供需平衡方面规划分析了跨流域水库群系统[113]。Matete等建立了一种跨流域调水方案的分析框架，该框架考虑了生态环境和经济发展的影响[114]。Carvalho等针对巴西两个流域的调水问题提出了一种策略选择方法，取得了较好的效果[115]。Li 等将模糊识别功能与调度方案优选方法相结合，从而提出了一种新优化方法，实例证明，该方法的优化结果更加合理和适用[116]。Sadegh 等针对跨流域调水工程，提出了具有模糊博弈的水量优化分配方法，并取得了较好的结果[117]。Bonacci 等从跨流域调水工程的环境影响角度出发，研究了调水工程中兴建的水库对河道径流变化过程的影响[118]。Xi 等基于跨流域调水地区的降雨预报信息，建立了考虑降雨信息的供水优化调度模型与风险分析模型[119]。Chen 等针对跨流域调水工程中涉及的两个流域之间水资源分配问题，采用模糊算子分析了水资源分配时决策制定的复杂性[120]。Guo 等提出了一种考虑水传输和供水的水库群联合调度双层模型及输水规则来解决跨流域调水工程中多水库的运行问题，并以具体调水工程进行实例验证，结果表明所提出的双层模型和输水规则合理可行[121]。

在国内，针对跨流域调水水库群联合调度的研究大多是将模拟方法与优化技术相结合建立调度模型，1992 年沈佩君等提出了基于自优化模拟技术的跨流域调水工程水库群优化混合模型，并用实例证明了模型的合理性和可行性[122]。1994 年邵东国针对南水北调东线水量优化调配问题，建立了自优化模拟决策模型[123]。1995 年张建云等将模拟模型与优化技术相结合的，建立了适用于跨流域调水优化调度的数学模型[124]。1996 年邵东国等提出了一种交互式模糊多目标协商分水决策方法用以解决跨流域调水工程中存在的调水量分配冲突的问题，并应用此方法研究了南水北调中线的调水分配问题[125]。1997 年卢华友等构建了跨流域调水实时优化调度模型，并采用基于多维动态规划的大系统协调方法模型求解[126]。1998 年刘宇琼等运用 Visual C++语言开发了跨流域调水水资源规划决策支持系统[127]。2001 年王银堂等应用大系统递阶分析的原理和方法，建立了跨流域调水水库群三层递阶水量优化调度模型，并应用于南水北调中线工程，效果较好[128]。2002 年畅建霞等应用系统科学的方法建立了跨流域调水工程水量仿真调度模型，通过在模型中引入辨识及修正模块，提高了最优解的搜索速度[129]。

随着多目标算法的出现，跨流域调水水库群联合调度也逐渐转向对多个目标进行研究[130-131]。2005 年王仁超等针对南水北调中线工程复杂的状况建立具有自适应、自学习和自响应特点的基于 Multi Agent 优化调度仿真模型[132]。也有学者将预报融合到联合调度模型中进行水库群联合调度的研究[133]。2011 年习树峰等在建立了考虑降雨预报的跨流域调水供水联合调度模型，并通过实例证明了该模型的有效性[134]。

近几年，跨流域供水水库群联合调度规则的研究逐渐增多[135-137]，郭旭宁等针对跨流域供水水库群联合调度存在的主从递阶结构，提出了调水规则和供水规则相结合的跨流域供水水库群联合调度规则[138]。曾祥等建立了跨流域调水启动标准优选的水库群联合调度模拟-优化模型[139]。郭旭宁等建立了基于 0-1 规划方法的水库群最优化调度模型，并最终确定了最优调供水过程[140]。吴泽宁等以供水调度图和调水控制线为联合调度规则形式，建立了同时考虑跨流域调水和供水的水库群联合优化调度模型，并通过实例验证了模型的合理性和算法的有效性[141]。

综上所述，跨流域调水水库群联合调度的研究大多依然是模型的建立及算法的优化，研究的成果大多不能直接应用于跨流域调水工程实际的水量调配中。然而跨流域调水的联合调度任务和目标时刻都有可能变化，是一个动态调度的过程，求解就不能采用固定的模型，而需要一个可适应变化的动态模型。综合集成技术就可以实现动态调度，采用组件技术将调度模型及方法封装成组件，基于综合服务平台，采用组件灵活搭建联合调度系统，从而适应实际调度中的需求变化。

1.2.3　水资源配置

国外水资源优化配置的研究从 20 世纪 60 年代初期到 90 年代，研究过程从单一的考虑水量的水资源优化配置，逐渐转向考虑水质-水量联合的水资源优化配置研究。1960 年美国科罗拉多州的几所大学提出了水资源优化配置的雏形，他们通过计划用水需求进行估算分析，并针对如何满足未来的用水需求进行了探讨，提出了相应的解决方案[142]。随后，专家学者开始将运筹学的思想运用到水资源优化配置中，1962 年出版的《水资源系统设计》中采用系统分析理论进行水资源配置方案寻优，为水资源优化配置研究提供了新的思路[143-147]。20 世纪 70 年代以来，数学规划和模拟技术得到了飞速发展，并带动了水资源优化配置领域的发展，取得了丰硕的成果[148-151]。1982 年 Pearson 等针对英国 Nawwa 区域建立了水量优化配置模型，采用二次规划方法进行寻优求解。1985 年 Yeh 将线性规划、非线性规划、模拟技术以及动态规划等系统分析方法应用进行了水库调度和管理研究[152]。20 世纪 90 年代以来，随着水环境恶化和水污染加剧，单一考虑水量的水资源配置已不能满足水资源生态环境可持续利用的目标，人们开始考虑水量-水质联合管理的水资源配置研究，通过决策支持技术、模拟模型与优化技术耦合、水资源价值的定量分析等方法进行了水质-水量联合配置[153-154]。1992 年 Afzal 和 Javaid 等研究学者对巴基斯坦某灌区进行了水质-水量联合优化配置模型，采用线性规划的方法进行求解。进入 21 世纪以来，随着智能优化算法理论和计算机技术的发展，遗传算法[155-156]、蚁群算法[157-158]、粒子群算法[159-160]、大系统理论与方法[161-163] 等智能优化算法被用于水资源优化配置研究中，水资源优化配置也由单一目标的研究向多目标水资源配置研究发展。为改善水资源综合管理状况，在水资源配置中开始考虑水资源产权界定，考虑社会经济机理对水资源配置的影响，进行基于宏观经济的水资源优化配置研究，通过考虑水资源管理政策和配置体制研究，才能实现水资源的可持续利用。

我国水资源优化配置方面的研究起步较晚，20 世纪 80 年代才在我国引起重视并成为水资源学科研究的热点之一。根据研究对象的不同主要分为区域、流域以及跨流域水资源优化配置等三类。袁宏源同时考虑了灌区地面水与地下水的运动特性，建立了井渠结合的模拟模型，模拟了人民胜利渠的水量平衡方案[163]。贺北方从大系统分析的角度出发，建立区域水资源优化配置模型，通过大系统逐级寻求的方式，寻求水资源配置的最优分配方案[164-165]。沈佩君等针对南水北调东线一期工程送水过黄河，满足多地区、多用户、多供水保证率要求，串、并混联复杂系统的特点，建立了以自优化模拟技术为主体的混合模拟规划模型[166]。唐德善等应用动态规划法建立并求解了复杂水资源系统的水量优化分配模型，对于克服"维数灾"提供了一种有效的方法，扩大了动态规划法的应用范围[167]。卢华友等提出了大系统分解协调模型，通过逐级模拟选优的方式求解，并在义乌市水资源配置模拟进行实例应用[169]。丁志雄等从人工神经网络的基本原理出发，提出了人工神经网络的普适模型，并将其应用与地下水资源系统的模拟中[170]。谢乐云利用模糊综合评价法对江西省临川区水资源价值进行了初步评价，并估算了水资源价格[171]。王浩等提出了基于"天然-人工"二元水循环的水资源资源合理配置模型，进行基于规则的水资源配置模型，并实现水资源配置的合理评价[168]。董贵明等以南水北调中线河南受水区为研究对象，建立了受水区水资源优化配置模型，探讨了交互式多目标决策方法、大系统分解协调技术、遗传算法相结合的模型求解方法[172-173]。此外，对于实际的优化决策问题还有其他研究方法，如人工神经网络（ANN）、遗传算法（GA）、模拟退火算法（SA）、禁忌搜索（TABU）等，很多研究采用两种或几种方法结合分析和计算，后来发展起来的智能决策方法以及信息化社会的 3S（GIS，GPS，RS）技术对于非线性、多目标等复杂的大规模优化问题求解充分地显示出其优越性，将会被越来越广泛地应用[174-182]。

在国内外学者及水利专家的共同努力下，水资源优化配置研究出现了新的研究趋势，随着计算机技术的不断发展，水资源配置管理逐步与计算机技术耦合；水资源配置逐步向配置决策的方向发展，希望模型优化出的最优解能够反映出决策者的偏好方向。

1.3 存在问题

从上述国内外研究进展可以看出，跨流域调水工作基本集中在水量调配模型的建立和优化方法的应用上。但目前应用情况不尽人意，脱离实用，无法走出传统思想方法的约束。主要问题集中在：

（1）以理论研究为驱动，对应用需求考虑不足，与实际应用存在一定鸿沟。传统的研究以水量调配的理论研究为主，主要是建立调度模型采用优化算法制定固定情景下的调度方案，由于理论研究中的模型及方法都有各自的优缺点，这就导致了模型和方法存在局限性，同时跨流域调水工作是多时间尺度的调度，固定的情景无法实现多时间尺度之间的嵌套与滚动调度，从而导致调度方案无法直接应用于调水工作实际中。

（2）经过长期积累已经有了大量的预报模型和方法，但是如何使用仍然是一个难题。针对同一个流域，一成不变地使用一个模型预报显然不符合实际的要求。另外，目前习惯了把大量的工作集中在校对模型参数上，效率低、适应性不强。因此，如何能够根据预报尺度及河流水文情势变化快速选择相适应的模型进行预报已成为一个迫切需要解决的问题，特别是长期预测的随机性和波动性，当条件发生变化时，预报来水过程也会发生变化，调度计划相应的也要发生变化，这样会缩小调度计划在执行中和实际情况的偏差。

（3）"调度"不是单纯去求一个解，而是一个连续不断的计算过程。调度方案是在用的过程中不断发生改变的。因为调度任务可能是时刻在改变中，求解就不是针对一个固定模型，而是一个可适应变化的动态过程，特别是调度目标、来水过程变化、调度方式等也可能发生变化，调度计算过程一定是没完没了的改变过程，如何在过程中动态决策调度是研究的突破口。

（4）计划调度位于宏观控制层，大尺度通过分配调度边界条件来指导水库的小尺度调度行为，所以实际情况变了，计划不应该一成不变，而应该也要修正。长、中、短期的调度计划方案目前在一定意义上来说是独立的，大尺度对小尺度的调度计划方案没有起到约束的作用，小尺度对大尺度的调度计划方案也没有起到反馈的作用，使得调度计划方案没有实现尺度嵌套、滚动修正反馈的作用,多时段滚动嵌套的决策机制描述与实现没有明确的动态化方案,用规划计划的调度情景方案指导调度,可操作性不强、适应性差,难以指导水库的实际水量调配。

(5) 调度、配置与管理互相脱节。传统的跨流域调水工程水量调配研究大多是将水源区的调度和受水区的配置分开研究,同时也停留在做情景,制定方案的层面,与工程水量调配的管理相互脱节。而实际工程中调度和配置是紧密联系的,受水区的需水影响着水源区的调水,水源区的调水影响着受水区的配水,而且对于跨流域工程来说,输水线路往往比较长,输水时间也是影响工程运行的一个重要的因素,因此调度、输水与配置应作为一个整体进行研究。

(6) 目前各种水库调度相关的系统,对各种变化不能很迅速的反应,适应性不强,难以实现动态调控,系统的调控只单纯针对某一区域固定的调控时间,大多为静态的调控环境,灵活性差、低水平重复开发多,难以实现动态调整,降低工作效率;业务化、规范化程度较低,传统模式的调控流程不可视,业务化过程不透明,无法在过程中进行管控;可拓展性差,缺乏实用性,传统的水系统在应用上以及表现形式上缺乏多样性,在操作上缺乏交互性,调控模式方法单一,缺乏多模型、多方案对比,决策支持能力欠缺。

(7) 在目前的调水工程水量调配的相关研究甚至工程运行方案制定中往往忽略水流到达时间对工程运行的影响,导致调-输-配一个连续的物理过程发生中断,现有的流量演进相关优秀研究较难应用于工程实际运行,也严重阻碍着相关研究的发展。因科学指导的缺乏,还影响了工程发挥的经济效益。

从以上的问题可以看出,今后跨流域调水工程水量调配的研究不能只局限于调度模型的建立和优化算法的求解,而应与调水工程实际应用对接,以发挥工程效益为目的,在调度模式上要能够多时间尺度嵌套滚动修正,业务应用上要能够调度、输水、配置多业务综合集成,适应性上要能够动态适应跨流域调水工程水量调配的各种需求变化。

1.4 研究内容

本书通过整理,系统分析国内外相关文献,针对跨流域调水工程水量调配目前存在的问题,以多业务集成、适应动态变化为核心,将引汉济渭工程作为研究对象,对跨流域调水工程调-输-配水量调控模式及实现的技术手段进行研究,并结合水库径流预测、多水源联合调度、受水区水资源配置、输水隧洞与受水区管网的流量演进、水源区-受水区水量联合调配等业务对建立的新模式进行具体实践。具体研究内容如下:

(1) 调-输-配水量调控模式研究。通过对引汉济渭跨流域调水工程水量调配的需求及水量调配应用上存在的问题进行分析,提出研究调水工程水量调配新模式的必要性;构建引汉济渭工程调-输-配水量调控模式,建立实现水量调控模式的技术方法体系。在平台上实现来快速开发、快速适应的工程水量调配模式。

(2) 工程调输配水一体化数字水网研究。研究数字水网构建的拓扑理论及关键技术,分析数字水网中的基本拓扑关系,概化拓扑元素,提出数字水网中图形数据的存储方式,建立数字水网中数据交互的数据流模型,基于综合服务平台,实现数字水网的可视化构建；提出基于数字水网的水资源联调联控业务化应用技术体系，建立数字水网与业务组件将的耦合映射关系，将水资源系统内水量转化过程和水资源业务流程有机联合在一起，通过水资源业务活动的相互作用，实现水资源调控过程中的水量转化。

（3）水库多模型径流预测及区间化预测机制。基于组件技术建立不同时间尺度下的水库径流预测模型组件库；针对传统入库径流预测预报难题，提出多模型组合预测及区间化的径流预测机制，并基于综合服务平台，实现引汉济渭工程多模型多尺度水库径流预测的集成应用。

（4）多水源多尺度嵌套滚动反馈修正调度及方案动态评价。建立水库调度模型及方法组件库，以水库的调度规则为基础，建立基于调度规则的多水源联合调度模型；提出多时间尺度嵌套滚动修正的水库调度方法以及滚动嵌套机制下的计划与实时互馈调度技术方法体系，并基于综合服务平台，搭建了引汉济渭工程多水源联合，长期、短期、实时嵌套及滚动反馈修正，动态可调整的联合调度系统；围绕跨流域调水工程，研究建立水库群调度评价指标体系，组件化指标计算、评价模型及方法，建立调水工程调度方案动态评价机制，基于综合服务平台搭建调度方案评价系统实现调水工程调度方案的在线评价。

（5）秦岭输水隧洞与受水区管网流量演进。在系统分析国内外研究成果的基础上，通过理论分析和数学建模手段，结合引汉济渭输水隧洞和受水区供水管网的实际情况，确定研究对象的水力学参数，分别对输水隧洞和供水管网构建与之相适应的水动力学模型，并将两者耦合集成，形成一个完整有机的全贯通流量演进系统，为引汉济渭工程的水量联合调配提供科学的水力计算。

（6）基于数字水网的受水区水资源供需平衡分析。依据数字水网和基于数字水网的业务化应用技术，以引汉济渭工程受水区水资源配置为例，依据配水规则、供需平衡业务逻辑，将水资源供需平衡分析业务组件化，通过组件复用、组件组合技术以流程化的方式连接各个业务组件，实现水资源供需平衡分析业务，包括需水预测、供需平衡分析等内容，并构建基于数字水网的引汉济渭工程受水区水资源供需平衡分析系统。

（7）基于数字水网的受水区水资源优化配置及方案优选。考虑社会、经济、生态环境三个配置目标，建立多目标配置模型，运用 NNIA 算法和提出的基于决策偏好的多目标优化算法（MOIA - PS）求解多目标配置模型，根据多目标优化配置得到的非劣方案集进行方案优选；依据水资源优化配置和方案优选业务实现逻辑，将水资源优化配置和方案优选业务组件化，构建基于数字水网的引汉济渭工程受水区水资源优化配置系统，实现引汉济渭工程供水后 2025 年（供水对象）、2030 年（供水对象）的水资源优化配置。

（8）水源区-受水区水量联合调配。针对引汉济渭跨流域调水工程的系统复杂性，把水源区、输水隧洞与受水区集成，提出基于综合服务平台的水源区-受水区水量联合调配构建机制，在平台上，将引汉济渭工程水资源调输配系统拓扑化，集成配置规则及调配决策业务，实现水源区-受水区的水量联合调控集成应用。

1.5　技术路线

基于本书的研究内容及研究方法，制定本书的技术路线，如图 1-1 所示。

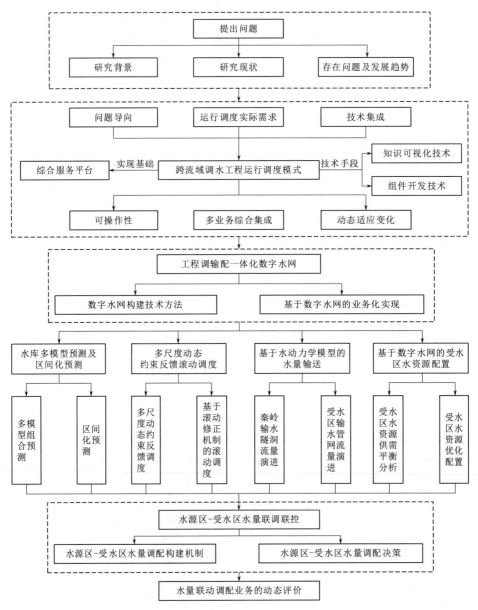

图 1-1　技术路线图

第2章

研究区域概况

2.1 工程概况

引汉济渭工程又称陕西南水北调工程，2014年年底批复进入筹建，是从汉江流域通过输水管道调水入渭河关中地区，用以解决其水资源短缺问题，是具有战略性的水资源调配工程。汉江干流修建的黄金峡水库及汉江支流修建的三河口水库作为引汉济渭工程的调水水源，秦岭隧洞作为输水管道将汉江的水调入黄池沟配水枢纽，然后通过渭河南干线、过渭干线、渭北东干线及渭北西干线4条配水干线将水输送给关中的各缺水城市及工业园区。

引汉济渭工程的总体布置方案为：①从黄金峡水库坝前经黄金峡泵站抽水至秦岭输水隧洞黄三段，经三河口水库下游控制闸沿着秦岭输水隧洞越岭段至黑河水库下游的黄池沟配水枢纽；②当黄金峡水库的调水量不满足受水区的需水时，从三河口水库调水补充，所调水经三河口水库坝后连接洞经控制闸进入秦岭输水隧洞越岭段；③当黄金峡水库调水量大于受水区需水时，多余的水经三河口水库坝后的连接洞通过三河口泵站抽至三河口水库进行调蓄。工程的总体布置如图2-1所示。

2.2 调水区工程概况

2.2.1 黄金峡水利枢纽

黄金峡水利枢纽建于汉江干流黄金峡锅滩下游2km处，所控制的流域总面积达1.71万km²，多年平均径流量为76.17亿m³。黄金峡水库总库容为2.21亿m³，调节库容为0.714亿m³，多年平均供水量为9.69亿m³，正常蓄水位为450m，死水位为440m，汛限水位为448m。黄金峡水库的水位特征信息如图2-2所示。

黄金峡水库电站、泵站采用河床式布置于坝后左岸河床。泵站设计流量为70.0m³/s，由7台功率18MW的泵站组成，总装机功率126MW，年抽水用电量约3.32亿kW·h。黄金峡水库电站通过水库下泄的流量进行发站；电站总装机容量为135MW，多年平均年发电量3.87亿kW·h。黄金峡水库下泄流量至少需满足25m³/s的生态流量。

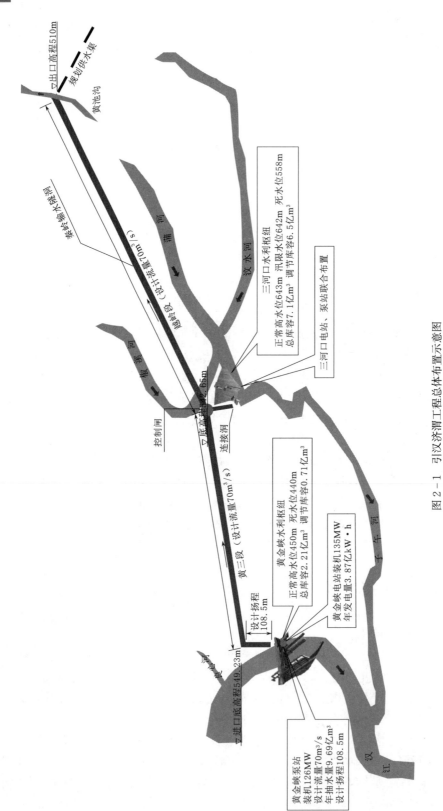

图 2-1 引汉济渭工程总体布置示意图

2.2.2 三河口水利枢纽

三河口水利枢纽是引汉济渭工程的调蓄中枢,该枢纽建于汉江支流子午河上,位于椒溪河、蒲河、汶水河交汇口下游2km处,多年平均年径流量为8.70亿m³。

(1)三河口水库。三河口水库总库容为7.1亿m³,调节库容为6.6亿m³,多年平均年设计供水量为5.46亿m³,正常蓄水位为643m,死水位为558m,特枯年应急供水死水位为544m,汛限水位为642m。三河口水库的水位特征如图2-3所示。

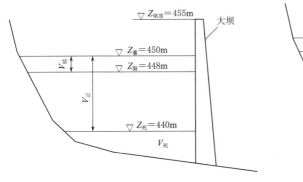

图2-2 黄金峡水库水位特征

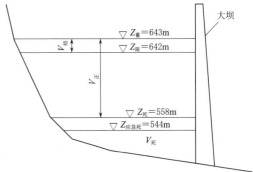

图2-3 三河口水库水位特征示意图

(2)三河口泵站。三河口泵站主要是将黄金峡水库供受水区多余的水通过三河口水库坝后的连接洞抽入三河口水库进行调蓄。泵站由2台可逆式发电机组组成,既可以抽水也可以发电,泵站单机设计流量9m³/s,配套电机功率12MW,年耗电量约0.365亿kW·h。

受秦岭隧洞黄三段输水量影响较大,仅能抽取隧洞多余水量,且并不能在抽水工况下时刻得到充分利用。同时,受工程不同调水规模的约束,近期调水10亿m³,泵站设计流量12m³/s;远期调水15亿m³,泵站设计流量18m³/s。

(3)三河口电站。三河口水库通过水库供水及下泄流量进行发电,当泵站抽水时不发电。三河口电站共包括4台机组,装机总容量为60MW,其中2台可逆式机组发电工况装机容量为20MW,2台常规机组装机容量为40MW。

三河口水库坝后电站采用"以水定电"的运行方式,发电效益主要由调水量确定,结合机组的适应性,确定三河口水库电站的运行方式如下:库水位在正常蓄水位与水位595m之间,三河口电站在泵站不抽水以外的时段,按水库供水与下泄的生态基流进行发电;如果水库供水与下泄的生态基流小于12.5m³/s,则不发电;如果电站发电水头小于50m,也不发电;库水位在593m以下,电站不发电。

(4)连接洞。秦岭输水隧洞控制闸三河口控制闸末端开始,至泵站前池(电站尾水池)结束,总长244.435m。纵比降设计为0,洞底高程与秦岭输水隧洞控制闸底板高程相同。根据连接洞设计最大引水(送入秦岭输水隧洞)流量70m³/s可知,连接洞自身所能达到的最大值为70m³/s,故连接洞洞中流量取值范围应为0~70m³/s。

但在实际运用中,连接洞具有抽水、供水双向作用。抽水时,设计流量为18m³/s;输水时,设计流量为70m³/s。因此,连接洞处于抽水工况下时,洞中流量为0~18m³/s;

输水时，受输水规模不同的影响，调水 10 亿 m^3/s 时洞中流量为 0～50m^3/s，而调水 15 亿 m^3/s 时则为 0～70m^3/s。

2.3　秦岭输水隧洞

秦岭输水隧洞由黄金峡水库和三河口水库坝后控制闸之间的隧洞（简称黄三段）及控制闸至黄池沟调蓄池的隧洞（简称越岭段）两部分组成，全长 98.30km，设计流量 70m^3/s。秦岭隧洞控制闸工程布置示意图如图 2-4 所示。

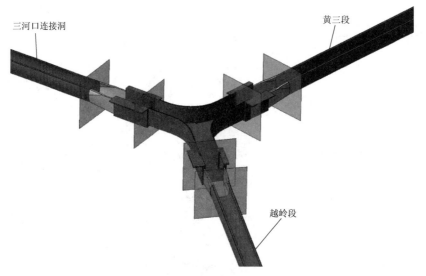

图 2-4　秦岭隧洞控制闸工程布置示意图

1. 黄三段

黄三段隧洞的入口位于黄金峡泵站的出水池中，直至三河口水库坝体后方，将近 300m 处的位于右岸的控制闸处。黄三段隧洞主要承担着运送汉江干流上通过黄金峡水库泵站得到的调水量，直至控制闸处的任务。

根据黄三段设计流量 70m^3/s 可知，运行状态下，其洞中流量应在 0～70m^3/s，其中流量 70m^3/s 时，隧洞处于自身上限，即为理想状态的有压满洞运行。

但因工程不同调水规模的要求，调水 10 亿 m^3 时，黄三段设计流量 52m^3/s，调水 15 亿 m^3 时，为 70 亿 m^3 时。故在不同调水规模下黄三段最大引水流量应发生变化。

2. 越岭段

越岭段的入口连接着秦岭隧洞上的控制闸处，出口则在渭河支流上的建设的黑河金盆水库的下游方名为黄池沟的地方。这一段隧洞的主要使命是将汉江干流上可直接提供的调水量，再通过三河口水库的调蓄后得到的汉江水和来自三河口水库上游，并经三河口水库调节后的可供水量通过自流的方式，输送至关中地区的黄池沟处的配水工程。

根据越岭段设计流量 70m^3/s 可知，运行状态下，其洞中流量应在 0～70m^3/s 范围内，其中流量为 $70m^3/s$ 时，隧洞处于自身上限，即为理想状态的有压满洞运行。

因工程调水规模的要求，在不同调水规模下越岭段最大引水流量应发生变化，调水 10 亿 m^3 时，越岭段设计流量为 $50m^3/s$，调水 15 亿 m^3 时，为 70 亿 m^3 时。因此，调水 10 亿 m^3 时隧洞流量为 $0\sim50m^3/s$，调水 15 亿 m^3 时则为 $0\sim70m^3/s$。

2.4 受水区概况

2.4.1 受水区受水对象

关中地区位于陕西省中部，包括西安、宝鸡、咸阳、渭南、铜川，总面积 $55623km^2$，区内集中了陕西省 63% 的人口，聚集了陕西省 64% 的国内生产总值，在西部大开发战略和陕西经济社会发展中具有重要的战略地位。但区内现有的水资源不能实现自给自足，属严重缺水地区。由于关中地区缺水严重，目前水资源利用形成了"超采地下水、挤占农业水、牺牲生态水"的现实格局，由于过度和不合理利用，导致渭河干、支流水量逐年减少，生态基流得不到保障，生态环境恶化，水污染状况也越来越严重，已严重影响了当地社会经济的可持续发展。引汉济渭工程的修建能极大的缓解关中地区缺水问题，有效增加渭河的生态流量，减缓水体污染进一步恶化。

由于引汉济渭工程调水量有限，其供水对象的选择，应在关中缺水的对象中，进一步考虑其缺水的紧迫性、地理位置、其他后备水源情况等因素，按照以下原则确定：

（1）突出效益原则。根据产业和城镇化发展规划布局，优先选择缺水量大、当地水源无法满足的地区；优先选择水资源利用效率和效益较高的城市和工业区。

（2）控制成本原则。为降低工程运行成本，尽可能避免抽水，优先选择渭河沿岸高程较低、能够实现自流输水的城市和工业区。

（3）统筹配置原则。统筹配置当地水源和调入水源，实现水资源的合理配置。

根据以上原则，最终确定引汉济渭工程关中地区受水对象见表 2-1，近期规划水平年为 2025 年，远期规划水平年为 2030 年。

表 2-1　　　　　　　　　　引汉济渭工程关中地区受水对象表

规划年	2025 年	2030 年
重点城市	西安、咸阳、渭南、杨凌	西安、咸阳、渭南、杨凌
县级城市	兴平、武功、周至、鄠邑、长安、临潼、泾阳、三原、高陵、阎良	兴平、武功、周至、鄠邑、长安、临潼、泾阳、三原、高陵、阎良、华县
工业园区		高陵泾河工业园区、泾阳产业密集区、扶风绛帐食品工业园区、眉县常兴纺织工业园区、蔡家坡经济技术开发区、陈仓阳平工业园区

2.4.2 受水区水资源概况

引汉济渭工程受水区是一个干旱半干旱地区，水资源总量少，人均水量贫乏，属于资源型缺水地区。受水区水资源总量为 68.03 亿 m^3，其中地表水资源量为 51.52 亿 m^3，地下水资源量为 43.77 亿 m^3，地表水与地下水的重复量为 27.26 亿 m^3。

（1）地表水资源概况。引汉济渭工程受水区的地表径流主要由降水补给，径流深的分布情况与降水分布基本一致，总体是渭河南岸普遍高于渭河北岸，西部高于东部，受水区多年平均径流深为 104.3mm。入境河流主要有洛河、泾河和渭河三条河流，多年平均年入境水量为 39.33 亿 m^3，其中洛河、泾河、渭河分别为 5.97 亿 m^3、14.01 亿 m^3、19.35 亿 m^3。地表水总量为 90.85 亿 m^3，多年平均年出境水量为 81.48 亿 m^3，其中渭河出境水量（含泾河）占受水区总出境水量的 88.6%。

（2）地下水资源概况。由于与地表水资源相比，地下水资源开采容易、水质稳定、开采简单，所以长期以来，关中地区在水资源利用上一直重地下、轻地表。关中地区的城市用水有相当一部分都取自地下水，导致大部分地区地下水超采严重，区域性的地下水位大幅度下降。长期取用地下水破坏了水资源的动态平衡，并引起城市地面沉降、地裂缝活跃等一系列环境地质灾害。除此之外，关中地区城市浅层地下水的污染也日益严重。根据《陕西省水资源调查评价》成果，地下水资源量为山丘区资源量与平原区资源量之和扣除其重复量，地下水资源总量为 43.77 亿 m^3。受水区地下水可开采资源量为 30.68 亿 m^3，其中平原区可开采量为 28.04 亿 m^3，山丘区可开采量为 2.63 亿 m^3。

（3）水质概况。受水区地表水水质污染严重，渭河水系评价河长 1110.7km，渭河水系生态环境恶化，生化需氧量、化学需氧量和氨氮超标，2010 年全年 Ⅱ 类水质河长占评价河长的 34.4%，Ⅲ 类占 5.8%，Ⅳ 类占 15.0%，Ⅴ 类及劣 Ⅴ 类占 39.8%，其中劣 Ⅴ 类水主要集中在林家村以下的咸阳至华县断面。

近年来，由于引汉济渭工程关中受水区存在水资源总量不足，人均水量贫乏，水资源时空分配不均，地下水开采过度，河流泥沙含量高和水污染严重等问题。

2.4.3　受水区供用水情况分析

2.4.3.1　供水情况分析

经对 1980—2010 年关中地区供水统计情况分析，区内供水量先增后减，基本保持在 50 亿 m^3 左右。1980—2010 年，供水量呈缓慢增加趋势，由 50.28 亿 m^3 增加到 52.99 亿 m^3，20 年间增加了 2.71 亿 m^3。与经济社会发展相比增幅不大；2001—2010 年总供水量在 43.2 亿～50.6 亿 m^3 上下波动，近 10 年平均值为 47.5 亿 m^3。

从供水结构看，由于河源来水减少、供水能力衰减等原因地表水供水量呈减少趋势，关中地区历年（1980—2010 年）供水量情况见图 2-5，地表水由 1980 年的 27.16 亿 m^3 下降到 2010 年的 22.23 亿 m^3，个别年份只有 16.75 亿 m^3，且地表水供水量占总供水量的比重逐年降低，由 1980 年的 54% 下降到 2010 年的 45%，这主要是受水区很多地表水源工程建成于 20 世纪三四十年代，供水能力有衰减趋势，加之 20 世纪 90 年代泾河、洛河、渭河来水减少，使得水源工程达不到设计规模。

地下水供水则由 1980 年的 23.06 亿 m^3 上升到 2010 年的 26.46 亿 m^3，个别年份达到了 30.58 亿 m^3，供水比例也逐步上升，由 1980 年的 45.85% 上升到 2010 年的 53.91%，这主要因为经济社会的发展需要增加水的供给，地表水供给量减少，而不得不开采地下水，地下水的补给主要来源于降水和地表水，地表水补给减少，势必引起地下水位下降。1980—2010 年地下水供水量统计如图 2-6 所示。

受水区自 1980 年以来总供水量变化不太大，甚至有下降趋势，如图 2-7 所示，其原因：一是区域水资源开发利用程度过高，地表水供水进一步增加十分困难；二是地下水严重超采，导致多处地面沉降、地裂缝等环境地质问题突出，进一步增加地下水供水量已经非常困难；三是节水取得了一定的成绩，受水区在农业方面的用水效率已居于全国先进水平。2010 年受水区实际供水量 49.08 亿 m^3，其中地表水供水 22.23 亿 m^3，占总供水量的 45.3%；地下水供水 26.46 亿 m^3，占 53.9%，其他水源供水量 0.40 亿 m^3，占 0.8%。

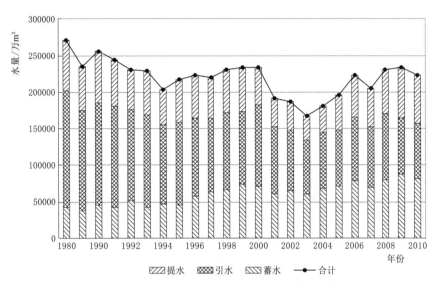

图 2-5　关中地区 1980—2010 年地表水供水量统计

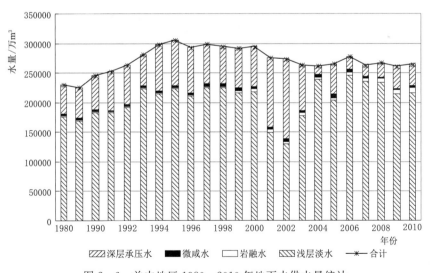

图 2-6　关中地区 1980—2010 年地下水供水量统计

2.4.3.2　用水情况分析

受水区自 1980 年以来用水量情况如图 2-8 所示，1980—2010 年总用水量变化不大，基本维持在 50 亿 m^3 左右。但用水结构发生了较大变化，30 年间农业用水呈逐年降低趋

势，居民生活、工业和城镇公共用水呈逐年增加趋势。农业用水比例由 1980 年的 82.1%
降到 2010 年的 63.4%，居民生活用水比例由 1980 年的 5.0% 增加到 2010 年的 14.6%，
工业用水比例由 11.4% 增加到 16.9%。

　　改革开放以后，经济社会结构变化较大，从以农业为主的社会迅速转变为以工业化、
城市化发展为主。随着受水区工业化和城市化进程加快，由于水资源供给量有限，供水总
是流向效益高的区域和部门，加之灌区日趋重视农业节水，近几年农业灌溉水量基本稳定
在 31 亿 m³ 左右。由于城镇化进程加快，工业长足发展，生活用水和工业用水呈递增趋
势，增长幅度相对较大。

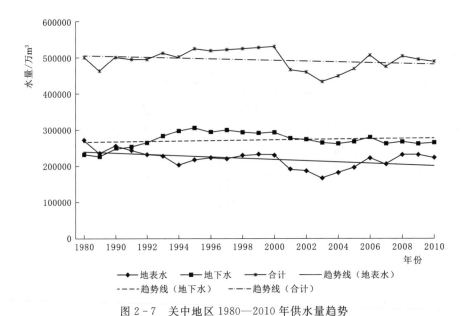

图 2-7　关中地区 1980—2010 年供水量趋势

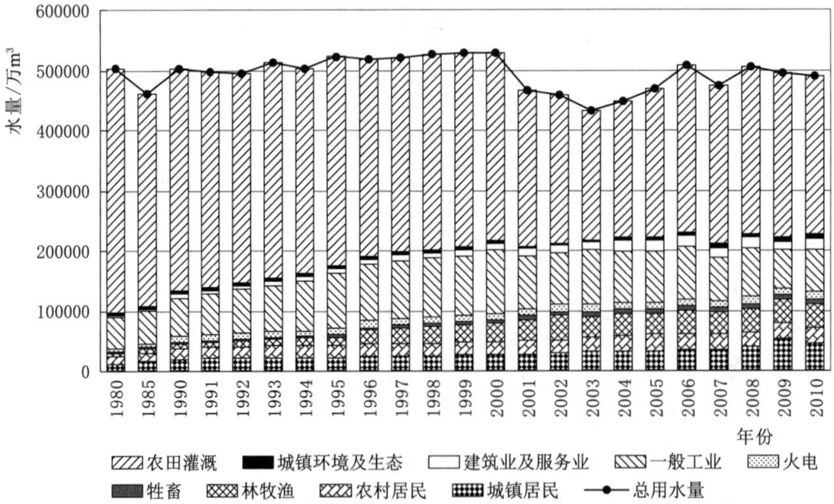

图 2-8　关中地区 1980—2010 年用水情况统计

2.5 引汉济渭工程水量联合调配问题分析

引汉济渭工程从规划之初，国内学者就开始对引汉济渭工程的水量调配进行研究，朱兴华根据引汉济渭工程的调度目标，结合历史径流资料通过试算得出了三河口水库初期的水量调配图[182]。马永胜等通过计算机编程开发了引汉济渭工程多水源调度系统，并通过大量试算得出了各水源的调度运行方式[183]。刘斌等基于传统的水库调节计算方法，提出了一种能适应不同调节周期、不同来水过程、不同供需过程的等流量调节计算方法，并应用于引汉济渭工程，结果表明该方法能够使得水库下泄水量在计算周期内最大限度平稳[184]。杨晓茹等开展了引汉济渭工程水资源配置研究，基于大系统分解协调理论建立了模型，获得了不同规划年下的配置方案[185]。畅建霞等构建了引汉济渭工程水资源配置网络图，建立了水资源配置仿真模型，并通过设定 7 种不同的方案，得出各方案的水资源利用情况[186]。

从上述国内学者的研究可以看出，目前针对引汉济渭工程的研究要么只研究水源区的水库调度问题，要么只研究受水区的水资源配置，没有将工程看作一个整体考虑；同时水源区水库调度的研究大多还是宏观方面，建立模型，求解调度方案或水库水量调配线，微观方面（水库泵站群和电站经济运行）与引汉济渭隧洞及受水区管网流量演进的研究几乎没有；虽然已有学者开发了多水源调度应用系统，但模式过于单一，难以适应工程水量调配的需求变化。总之，目前的研究对工程的规划设计具有重要的参考价值，但难以指导工程的实际水量调配。

引汉济渭工程是一个非常复杂的水资源调配系统工程，空间上涉及水源区、输水隧洞、受水区，时段尺度上涉及长期、中期、短期、实时，业务上涉及水库径流预报、多水源联合调度、水电站经济运行、泵站群调度、水资源配置等多个专业领域，牵涉面广，业务复杂。因此本文拟基于复杂性理论、综合集成方法论、现代信息技术构建跨流域调水工程水量调配的新模式，研发基于综合服务平台的引汉济渭工程水量调配决策支持系统，实现工程调-输-配联动水量调配的业务化集成应用，同时能够适应动态需求变化，为工程效益的发挥提供技术支持和运行保障，为引汉济渭工程的科学水量调配提供决策服务。

第3章

引汉济渭工程调-输-配
联动水量调控模式

　　根据引汉济渭跨流域调水工程水量调配的复杂性以及调配的实际需求，以引汉济渭工程水量调配的联通联动、联调联配、尺度嵌套、动态修正、适应性、可操作性等焦点问题为导向，以理论上有支撑、技术上能实现，平台上可操作为出发点，按照思想体系构建、技术方法研究、系统平台实现、实例应用检验的研究理念，通过理论研究、技术攻关、平台研发，构建引汉济渭工程调-输-配联动水量调控新模式。

3.1 传统模式存在问题分析

　　针对跨流域调水工程水量调配问题，研究有进展、技术有进步，理论不断深入、方法不断革新，成果也在不断丰富。水量调配问题有其自身的复杂性、特殊性，应用中还要考虑不断调整、不断适应变化的要求，适应性、可操作性和实用性等，现有理论及技术方法尚不能满足跨流域调水工程水量调配需要，主要存在以下几方面问题：

　　（1）将调水工程水量调配的关键环节抽取出来研究，缺乏整体性考虑，对控制节点之间的联系和联动考虑不足，成果相对孤立，难以串联应用。

　　（2）以理论研究为驱动，重视调度模型和调度算法，过分强调最优化，缺乏对具有适应性的调度模式和调度机制的探究。

　　（3）过于理论化和复杂化，对实际应用需求考虑不足，理论研究与实际应用存在一定鸿沟，成果离实际应用还有一定差距，可用性差。

　　（4）把规划和调度的关系没有厘清，用规划的思维开展调度研究，用情景方案代替调度，难以满足实际的水量调配需求。

　　（5）将调度按时间尺度划分，分开研究，对不同时间尺度的调度之间的嵌套、联动和约束关系考虑不足，不能实现嵌套和滚动修正，难以满足实时调度要求。

　　（6）对静态情景研究的较多，对实际运行调度中的动态变化因素考虑不足，不能还好的响应变化，缺乏适应性和可操作性。

（7）对调度系统平台缺乏研究，没有系统平台做支撑，调度过程中的很多需求难以实现，更没发支撑实时调度。

3.2 调-输-配联动调控模式必要性

引汉济渭跨流域调水工程是一项极其复杂的系统工程，主要包括了来水、调水、输水、配水以及用水五个方面，研究跨流域调水调-输-配联动水量调控模式之前，需要搞清楚以下几方面问题：

（1）引汉济渭工程水量调配是一个调水-输水-配水多节点联动的调度问题。引汉济渭工程包含水库、电站、泵站、控制闸、调蓄池、分水闸等水源与取用水节点，均为水量调配的关键节点，这些控制性节点只有耦合起来整体调控联动，进行动态调控，才符合实际调度需求和要求。而将调水工程水量调配的关键环节抽取出来单独研究，缺乏整体性考虑，对控制节点之间的联系和联动考虑不足，成果相对孤立，难以串联应用，无法整合贯通和联动。导致研究成果虽多，但可用于实际的成果却少之又少。故需要一个可以整体性考虑调-输-配全线各个节点的水量调配模式。

（2）引汉济渭工程水量调配是一个多业务、多层次、多尺度交叉耦合问题。引汉济渭工程涉及环节众多。业务上，涵盖径流预测、水库调度、水电站运行调度、泵站运行调度、流量演进计算、水资源配置等业务。层次上，又有规划调度、计划调度、实时调度、应急调度。尺度上，包括长期、中期、短期、实时等多个尺度。各个问题似乎可以通过组合划分独立出来，但实质上却是动态关联、相互影响的。独立出来就静止了，静止了就固定了，固定了就没有适应性了，而调度则是一个不断制定、调整、修正方案，然后实施的过程，是牵一发而动全身。故需要一个综合考虑各业务、各层次、各尺度的水量调配模式。

（3）调度不同于规划和计划，是一个动态连续过程，需要系统平台提供支撑。规划是在边界确定，所有条件已知的情况下制定的方案，调度是随着条件变化不断制定方案并实施的动态过程。规划是一次性的，完成后方案便已确定。而调度是一个不间断过程，一个连续不断的计算过程，不断反馈、滚动的过程，不是单纯去求一个解、制定一个方案。规划侧重做方案，调度侧重用方案；规划提供有限方案，调度需要无限方案。没有平台支撑的调度，做情景方案、做计划可以，但调度过程中的很多需求难以实现，更没法支撑实时调度。只有通过系统平台的支撑，才能完成一系列不间断的调度操作。故需要一个平台去支撑实时调度的水量调配模式。

（4）平稳运行是常态，但平稳中有变化，能响应变化的调度才具有适应性和可操作性。来水变化、水库自身状态变化、用水需求变化、目标及约束变化、应急情况，这些情况实际中都在不断发生，只有能够实时响应这些变化的动态调度，才满足实际应用需求。动态性产生适应性，有适应性才能应对环境、条件及需求的动态变化，能应对变化的调度模式才具有可操作性和实用性。考虑各种变化，构建适应性调度机制及技术方法体系，以变应变，是解决调水工程水量调配问题的方法。故需要可以响应变化的适应性水量调配模式。

综合可知，引汉济渭跨流域调水工程是一个复杂的水资源调配系统工程，空间上包括3部分的调水工程，4部分的输配水工程，22个供水对象；业务上涉及水库径流预测、多水源联合调度、水电站经济运行、泵站群水量调配、水资源配置等多个专业领域，牵涉面广，业务复杂；时间上涉及长期、中期、短期、实时调度任务。环节众多、时空交织、业务交叉，使得工程的运行调度面临巨大的挑战。工程运行后，关中地区现状供水系统格局面临重大调整，科学合理的水量调配将成为工程效益发挥的关键。同时工程的调度也是一个动态的过程，调度任务时刻都有可能发生变化，同时还包含了大量的不确定性，因此需要有一套能实时反馈、滚动调度、具有可操作性的调配模式来适应变化。该模式不仅要能够实现调水工程空间分布的灵活关联，时间尺度的耦合贯通，多业务的综合集成应用，同时还要能动态适应工程水量调配过程中的变化，实现应用的灵活、可靠、适应变化。

3.3　调-输-配联动调控模式研究思路

针对引汉济渭工程水量调配问题，以理论上有支撑、技术上能实现，平台上可操作为出发点，按照思想体系构建、技术方法研究、系统平台实现、实例应用检验的研究思路，整体采用"总-分-合"的研究技术路线（见图3-1）。

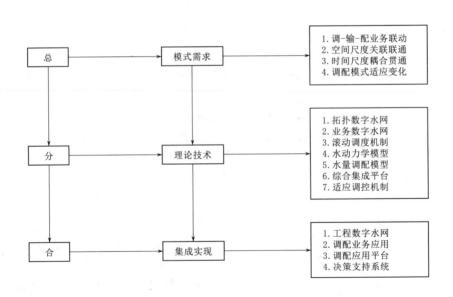

图3-1　调-输-配联动水量调配模式研究技术路线

（1）总：着眼整体，顶层设计，构建调-输-配联动水量调配模式。将引汉济渭工程"调水-输水-配水"全过程进行整体考虑，综合分析跨流域调水工程水量调配的需求及目前存在的问题，基于复杂性理论，采用现代信息技术，构建跨流域调水工程水量调配方法体系结构，研究具有适应性的水量调配模式框架，让调-输-配各个控制节点贯通联动，建立联调联控的水量调配模式，实现空间上关联连通、业务上联调联控、时间尺度上耦合贯通，从而建立具有可操作性，能应对动态变化的跨流域调水工程水量调配策略。

（2）分：分项研究，各个击破，解决模式构建关键技术问题。针对引汉济渭水量调配问题，抽取关键性问题开展针对性研究，将跨流域调水工程水量调配的各类业务逐级、分类划分成可大可小的应用主题，以应用主题为主线，描述、组织和开展业务应用，按照应用主题提供水量调配计算服务和决策服务。从数字水网构建、水量调配机制、调度规则、水量调配模型、时间尺度贯通方法、方案滚动修正机制、系统平台构建、适应性调控技术等方面开展技术攻关，建立引汉济渭工程调-输-配联动水量调配模式的关键技术方法体系。

（3）合：分合联动，耦合集成，平台集成模式实现。基于综合集成平台，用知识图描述水量调配业务主题流程，采用组件技术封装水量调配模型及方法，建立基于主题、组件、知识图的业务应用系统构建模式，构建引汉济渭工程数字水网，搭建水量调配业务应用，构建水量调配集成应用平台，开发跨流域调水工程水量调配决策支持系统，实现模型、技术、方法的综合集成，控制节点的联调联控和水量适应性调配，并能应对动态变化，具有可操作性，同时为决策者提供一个具有操作性的平台，实现真正意义上的"人机"互动。

3.4 调-输-配联动调控模式框架

针对引汉济渭跨流域调水工程水量调配问题，统筹考虑水源工程-输水工程-配水工程空间上耦合连通，长期-中期-短期-实时多时间尺度约束反馈，来水-调水-输水-配水-用水全业务过程协同联动，构建引汉济渭工程调-输-配一体化数字水网，建立基于数字水网调-输-配联动的水量调配机制及方法，实现水量调配在空间上能关联连通、业务上能联调联控；研究建立调-输-配联动的水量调配技术方法体系，解决制约水量调配的关键技术问题；研发出能响应动态变化、具有适应性和可操作性的水量调配集成平台，集成应用检验并升华形成引汉济渭工程调-输-配联动水量调控新模式，为引汉济渭工程水量调配提供科学支撑。引汉济渭工程调-输-配联动水量调控模式框架如图 3-2 所示。

引汉济渭跨流域调水工程水量调配对时效性要求较高，加之调水、配水过程又是一个动态多阶段的循环决策过程，因此，需要通过现代信息技术构建调水工程水量调配的支撑环境，才能有效实施跨流域调水工程的水量调配。在调水工程水量调配框架内，对所制定的调度方案及执行效果进行动态评价，根据调水工程水量调配过程中的动态变化及需求不断调整原有调度目标及方案。通过对调水工程水量调配决策过程及框架的分析，确立如图 3-3 所示的引汉济渭调水工程水量调配体系结构，以该体系结构为基础，通过建立引汉济渭调水工程水量调配决策支持系统，落实引汉济渭调水工程水量调配手段，实现科学合理的工程水量调配。

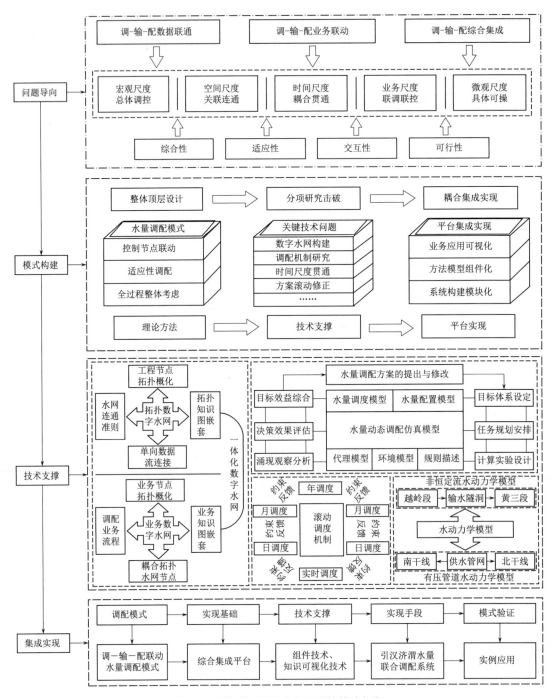

图 3-2　调-输-配联动水量调控模式框架

3.5　调控模式实现的理论与技术支撑

引汉济渭工程调-输-配联动水量调配模式是以革新传统的调水工程水量调配模式，建立复杂跨流域调水工程水量调配体系为目标，基于复杂性理论，采用现代信息技术，构建复杂跨流域调水工程水量调配新模式，从而研发跨流域调水工程水量调配集成应用系统，解决可操作性差、对动态变化的适应性差等问题，为时间、空间、宏微观不同尺度关联下的水资源调配业务服务，为工程的实际水量调配提供科学的理论及技术支撑。

3.5.1 拓扑数字水网实现控制节点联通联动

物理水网中流的是水，数字水网中流的是数据和信息，基于物理水网的联调准则，通过拓扑概化，构建拓扑数字水网，关联工程各个控制性节点，实现"调水-输水-配水"联通和联动。数字水网是将水资源系统中的河流、水库等各元素进行抽象并概化，建立数字水网图元库；基于综合集成平台，通过点、线拓扑关系描述水资源系统中各元素之间的关系，通过可视化的构建界面构建水资源系统的数字水网；节点下通过组件技术，添加计算模型，元素间水量转换关系借助单向数据流进行数据传递，实现水资源的业务应用。

综合集成平台提供了一个可视化的数字水网构建环境，通过节点、线的不同组合，实现不同业务应用主题下的数字水网构建，通过综合集成平台提供的数字水网构建环境，可以根据引汉济渭工程物理水网，根据水网连通准则，构建引汉济渭工程输配水一体化拓扑数字水网。根据实际调配业务的需求，构建出不同空间尺度、不同应用主题、不同业务需求的数字水网，如图3-3所示。通过知识图的嵌套技术，可实现全局水网、局部水网（水源区或受水区），可以关联使用，也可以独立使用，实现引汉济渭工程调水-输水-配水三部分的所有控制性节点耦合贯通，并在业务上联动起来。

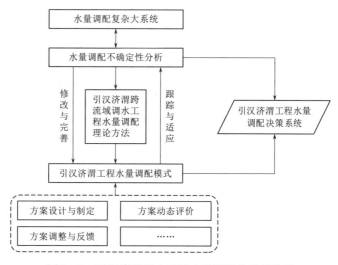

图 3-3　引汉济渭调水工程水量调配体系结构图

3.5.2 业务数字水网实现工程水量联调联控

业务数字水网是水资源调配的业务化表现，是按业务逻辑构建的一系列水资源业务活动，通过业务化将水资源调配过程以业务组件组合应用的方式予以实现。业务组件网是一系列逻辑相关的业务活动的有序集合，通过建立拓扑数字水网与业务组件网的映射关系，实现二者的耦合应用。拓扑数字水网描述的水量转化过程是水资源系统的调控、管理的对象，而业务组件网是水资源调配业务流的载体，业务流以业务应用为出发点，以实现水资源的循环调控、管理为目的，将水资源系统内水量转化过程和水资源业务流程有机结合在一起。数字水网的水量转化过程与业务组件网业务流程一致，即水资源调配业务流程是水量转化过程中的一种映射，通过业务活动的相互作用，体现水资源系统中水量转化的机理。

为了实现基于数字水网的水资源业务应用，将水资源业务进行业务化，通过图形化的业务组件和单向数据流将组件连接起来，建立水资源业务工作流，形成水资源业务服务。依据业务组件与拓扑数字水网可视化图元的映射关系，将业务组件与与拓扑数字水网可视化图元组合形成对象组，将业务活动通过拓扑水网的可视化图元来描述，实现基于数字水网的水资源业务应用。水资源调配研究的是水资源的调控与管理问题，随着水资源管理理念以及信息化技术的快速发展，水资源调配正朝着智能化的方向发展。基于数字水网的水资源配置系统搭建主要是建立拓扑数字水网和水资源调配组件业务网间的映射关系，将数字水网与水资源调配业务组件网进行耦合应用，实现基于数字水网的水资源调配业务。

3.5.3　滚动嵌套反馈修正机制实现动态调度

水库预报调度是一个不间断的过程（时段长短不同的过程），也是一个连续不断的计算过程，更是一个不断反馈、滚动的过程。水库调度的前提是有来水过程，来水过程又有长期、中期、短期之分，严格上来说是以月、旬、日、小时为预见期的预报。水库的调度周期是根据需求而定，如是要做全年12个月的调度计划方案，那么来水过程就是以月为预见期的预报（月预报），经过适当的预报模型，对12个月来水过程进行了预报，调度根据预报成果，结合调度需求、调度目标，选择合适的调度方法或算法进行调度计划方案的计算，最终得出全年的调度计划方案。这是水库预报调度的一个流程，旬预报、日预报亦是如此。但是来水预报与调度计划停留于此，还是不够的，达不到本书提到的适应性调度的要求，在实际调度工作中也没有参考价值，需要对来水预报面临时段不断进行滚动预测，调度也随之而动。所以需要建立调度周期内预报调度滚动修正机制，沿着整个调度周期的过程，随时间推进，预报及调度结果滚动修正。

呼应滚动修正过程化机制，在调度操作的同一个过程中，构建多时间尺度调度计划方案与实施调度方案的互馈机制，在调度操作的整个调度周期过程中，对预报不同方式及成果要组合，综合在过程中滚动嵌套，随着预报时段的推移，对应有相应情景的计划方案和实施具体化的、面临时段的调度方案，这些方案有适应条件和作用，同样需要适应变化、相关跟踪变化、动态互馈、适应变化，特别是有了变化就有相适应的方案。预报、调度同步，调度方案不是静态，而是动态的，针对来水、存水、需水的不确定性，调度方案是依靠调度决策机制来根据条件变化快速调整，对调度计划方案（指导调度）也要同时根据变化修改。调度计划方案与实施调度方案互相关联、互相反馈发挥作用。因此，需要建立预报调度的滚动修正机制，同时，多时间尺度的调度计划方案与实施调度方案也要在滚动嵌套的过程中形成互馈机制，通过不断交互更新，用过程中的时段变化来适应条件变化。

3.5.4　输水隧洞水动力学模型支撑水量调配

根据资料收集整理和现状分析的结果，在系统性地分析国内外研究成果的基础上，通过现场考察、理论分析和数学建模的手段，结合引汉济渭输水隧洞和受水区供水管网的具体情况，确定相应的水力学参数，分别对输水隧洞和供水管网构建与之相适应的水动力学模型，并将两者耦合集成，形成一个完整有机的系统并进行验证。

按照引汉济渭配水工程的布局，结合输水隧洞的自流输水的运行方式，对于输水隧洞构建黄金峡至三河口水库、三河口水库至黄池沟之间的非恒定流水动力学模型，通过求解圣维南方程组来模拟隧洞中非恒定流过程。

3.5.5　水量调配平台集成实现联动调配模式

引汉济渭工程水量调配是一个非常复杂的非结构化决策问题，决策支持系统是解决这一问题的有效手段，可视化、交互化、智能化、集成化是决策支持系统的发展方向。基于此，结合目前决策支持系统的最新发展方向，以综合集成方法为指导，综合采用现代信息技术和软件设计开发技术，设计引汉济渭工程水量调配集成服务平台，并在此基础上构建水量调配决策支持系统，基于知识图及可视化工具实现业务应用可视化及系统构建可视化，在可视化环境下实现人机交互；基于综合集成平台实现多模型、多方法、多种应用模式的综合集成。引汉济渭工程水量调配集成平台实现的关键技术包括下列内容：

（1）基于组件技术的水量调配模型及方法组件化。采用组件技术，将水量调配管理的各种模型、方法、算法拆分并封装成一个个功能独立、输入输出标准的组件。一方面，可通过组件搭建出模型，实现组件重用；另一方面，通过将水量调配管理模型及方法组件化，水量调配管理的业务功能都由这些组件来实现，由综合集成平台提供组件搭建和运行的环境，并通过这些组件，在可视化环境下按照调度管理的业务流程，以"搭积木"的形式快速地搭建出水量调配管理业务应用系统，提供决策支持。

（2）基于 Web Service 技术的水库预报调度模型库和方法库构建。采用 Web Service 技术，将水量调配的模型组件及方法组件，封装成标准的 Web 服务组件，基于 JUDDI 构建 Web 服务的注册和发布平台，调配模型组件及方法组件发布成 Web 服务，通过不断地积累和完善，建立水量调配的模型组件库和方法组件库。

（3）基于知识图的水量调度业务应用可视化。知识图是一种以图表方式表达的知识管理方法，它可以通过概念、联系以结构化的方式有效地描述包含在自然语言中的显性知识，还可以通过链接来表现自然语言难以表达的内容。例如，链接资源可以是知识图，从而可以由简单的知识图开始，逐步构成复杂的知识图，实现知识的累积增长；链接资源还可以是各种定性知识，如具体的案例、图形、多媒体文档等形式来进一步描述，结合个性化信息表现方式，可以把隐藏在专家头脑中，难以用语言表达定性知识表达出来；当定性知识经过研讨等环节逐步转变为定量知识，链接资源又可以表现为模型组件，通过模型集成实现定性模型到定量模型的转变。因此，知识图在组织描述关于复杂问题的知识具有较大优势，有较强的实时性、交互性和扩展性，是一种渐增长、增量式的知识可视化工具，可以作为专家研讨的知识载体。将知识图作为描述水库调度管理事件、主题、业务过程、应用流程、逻辑关系及相关知识工具，实现水量调配业务应用可视化。

（4）基于平台、组件、数字水网知识图搭建水量调配集成平台。基于综合集成思想，基于面向服务的体系架构（SOA）和 J2EE 平台技术架构，结合水利行业标准 SL 538—2011《水利信息处理平台技术规定》，研发知识可视化综合集成支持平台，并以此为基础，通过数字水网知识图和组件可视化搭建方式构建水量调配集成平台。

第4章

工程水量调配集成服务平台

4.1 平台总体设计

根据水利行业标准 SL 538—2011《水利信息处理平台技术规定》，基于面向服务的体系架构（SOA）和 J2EE 平台技术架构，采用中间件组件、网格、Web Service、SOA 等技术构建适用于工程水量调配的综合服务平台。平台综合服务平台由支撑层、资源层、信息综合集成层和用户层四个层次组成[187-189]，平台的总体架构如图 4-1 所示。

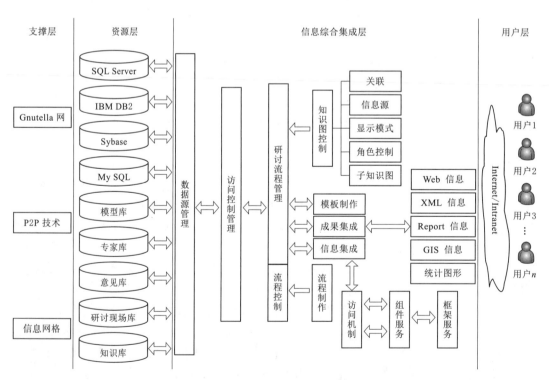

图 4-1 综合服务平台总体架构

4.1.1　支撑层

综合服务平台主要采用 P2P 技术和 Gnutella 网开源包作为支撑。P2P 是 Peer‑to‑Peer 的缩写，通常称作对等互联或对等连接，该技术的应用使得网上用户可以直接连接到其他用户的计算机，进行文件共享与交换，脱离了传统的基于 C/S 或 B/S 的访问模式。利用 P2P 技术和 Gnutella 网作为技术支撑，可以有效地对互联网资源进行搜索和共享，同时对于创建的个人知识图和协作知识图可以实现共享，方便高效地促进知识的描述、传递、共享和创新。

4.1.2　资源层

数据资源库：为系统提供模板库、专家库、意见库、知识共享库等基础数据资源和数据信息内容。

数据源管理与访问机制：实现对各种数据资源的管理和控制，对外形成统一的调用接口和访问结构，并实现对数据有效性、完整性、一致性的维护。

访问控制管理：通过角色访问控制模型，提供对系统整体资源、信息、服务实现一体化控制，以保证访问过程的安全。

研讨流程制作与管理：有效地组织系统中可访问的资源，构成访问、研讨流程，提供对这一系列流程的控制管理操作。

知识图绘制：实现包括关联、信息源、显示模式、角色控制、知识图等知识图的制作工具。

模板制作：是建立在知识图绘制和流程制作之上的抽象化模型，提供一般常规的知识图和流程规则与方案，为快速建立与业务有关的知识图和研讨流程提供基础模型。

成果集成：对整个信息服务应用成果和决策支持服务信息进行集成。

信息集成：对数据和信息进行有效的再组织和利用，同时完成数据和信息源在应用服务层的整合，为特定的信息服务请求进行服务。

构件服务与框架服务：依靠框架、构件支持服务平台，集成实现构件服务和框架服务。

资源层主要包括用于存储相关数据、信息、知识的数据库、信息库和知识库，在知识管理中，随着管理的深入，平台系统一方面对于个人和组织需要应用的数据、信息、知识可以方便地存储下来，另一方面可以方便地创作知识图并存储和共享，共享知识图也成为系统资源类型之一。此外，对于隐性知识外化为显性知识及时地保存到数据库、信息库、知识库和共享知识图中，它们存储的大量信息可以在个体或群体对知识图进行创作时提供资源支持。

4.1.3　信息综合集成层

综合服务平台可以集成 Web 信息、XML 信息、Report 信息、GIS 信息、统计图形、Word 文档、PPT 等信息。主要包括知识图绘制、构件服务、框架服务和知识图搜索引擎。在进行知识图编辑时，可以建立共享目录，实现上传下载功能，在编辑器中方便地创建概念、连接线、联系和超级链接。当概念、联系的上下文环境相对简单时，可以利用对概念和联系的属性进行简单描述。如果需要利用文件（文档、图形、多媒体等类型）进行描述时，可以通过建立超级链接来完成。此外，在编辑器中建立超级链接也可以实现知识图的层次关系。基于 P2P 技术的智能搜索引擎可以自由搜索互联网上的相关信息，可以在互联网络环境中方便实现隐性知识的合理挖掘和筛选。将共享文件和信息放于共享目录下，从而实现全球共享。在共享文件的同时，实现与互联网的上传下载功能。

基于知识图的综合集成研讨主要包括研讨流程的制作、流程管理、流程控制和访问机制管理，支持综合集成模板制作、成果集成和信息集成，基于 Web 服务、构件和框架技术为用户提供构件和框架服务。

4.1.4 用户层

用户层主要通过人机交互接口使用平台系统，快速搭建水信息系统，用户可以通过 Internet 或者 Intranet 方式访问和使用平台，用户层主要是有登录权限的用户可以进行访问平台[190]。

4.2 平台技术支撑

与传统平台框架不同，综合服务平台的框架不包含业务应用层，平台本身没有任何的业务功能，这是由于平台是基于 SOA 架构设计的，所有的业务应用都是按照主题的形式，采用组件、知识图等技术实现的，通过 Web Service 方式对外提供服务，以服务组合的方式搭建具体的业务应用系统[191]，使得水利业务系统的搭建具有强大是适应性和灵活性。综合服务平台如图 4-2 所示。

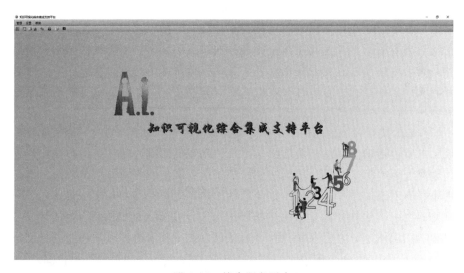

图 4-2　综合服务平台

4.2.1 组件技术

组件也称为构件，目的是提高软件功能的重用性，主要思想是将业务系统的模块划分为不同的单元，然后封装成组件，调用时只需要访问组件接口即可[192]。

组件的特点如下：

（1）重用性强。组件的最大特点就是重用，指开发某一个软件系统时，多个业务功能模块可以共用一个组件，不用再重新开发。

（2）接口透明。当组件运行时，组件的输入和输出接口是完全透明的，组件的开发和组件的功能完全是独立的，对于应用组件而言，只需要了解组件的输入和输出接口，不用了解组件内部如何实现。

（3）可扩展性强。软件中的组件都是相对独立的，每个组件都有各自的功能，若增加新功能，只需在原有组件接口的基础上增加新的接口，即可实现组件功能的扩展。

（4）便捷使用。组件一般存放于组件库中，当搭建应用系统时，只需要在库中"取"即可，随时使用。

（5）便于协同开发。开发组件时，只要符合其开发标准，可选择任何编程语言进行。同时每个组件都具有完整的功能，且相互独立，团队开发时不会造成开发冲突，便于协同开发。

4.2.2 知识图技术

通过可视化技术的实现可以将主题内容业务化、业务流程化。根据水利业务的主题内涵，分析区域水资源的流域、水系结构，根据工程类别划分，如水源、用水户、水库水文测站等进行划分，明确业务主题，来满足水资源管理、水工程运行等要求，随着业务需求的不断变化，相关研究工作不断地深入，主题可以逐渐积累，进而丰富平台主题库，适应水利业务的实际需求，增加系统的实用性和可操作性，为水资源科学高效管理提供支撑。

在平台上实现可视化的应用主要应用于两个层次：其一为拓扑概化图类型的可视化，此类知识图根据水源、河流、行政区、用水户的拓扑位置关系，用拓扑水网在平台上绘制拓扑概化图，实现地理位置和关系的可视化；其二为业务流程可视化，主要是根据水资源管理业务需求涉及的业务以及业务之间的逻辑关系用知识图进行展现，同时每项业务计算流程用知识图也可以展现，可以实现对过程中每个计算环节、参数、模型、条件的变化的一个掌控，实现了各业务各环节的透明度，提高计算的可信度。所以知识图可视化的优势在于抽象逻辑概化成知识图，地理位置概化为拓扑水网知识图，计算过程用知识图流程化表达，主题上下级关系用知识图可以逐级嵌套，基于综合服务平台的知识图可视化技术可以实现全局掌握、过程中管控、流程中控制，操作性比较强，可视化效果较好，灵活性较强。

应用知识图中知识要素的概化就主要转变为对各河流、各用水户、各工程的概化。根据各河流、各用户、各工程的对应位置关系，考虑各要素的调度关系，对其位置关系进行概化，用相应的图元进行可视化表达。

对于业务流程可视化表达，通过业务流程的逻辑关系，将节点与节点用线连接，线是数据流，通过数据流的传输，来表现节点的关系，从而实现业务流程的可视化，业务功能的动态化。

4.2.3 Web Service 技术

Web Service 是一个独立的应用程序，数据采用 XML 格式进行封装，采用 WSDL 描述自身功能，同时，通过 UDDI 对 Web Service 进行注册，以 Web 服务的方式提供功能服务，组件之间的数据联系通过 SOAP 协议实现[193]。Web Service 技术能使运行在不同计算机上的不同应用无须借助其他软件或第三方服务就可以实现数据交换和功能调用。Web Service 主要实现在 UDDI 服务注册中心、服务请求者和服务提供者之间相互作用[194]。

4.2.4 SOA 体系架构

SOA 是一种粗粒度、松耦合服务架构，服务之间通过简单、精确定义接口进行通信，不涉及底层编程接口和通信模型[195]。

SOA的核心是面向服务，它将复杂流程中的业务功能按照服务的形式独立出来并封装成组件，在组织业务应用时只需要定制相关服务，通过服务的交互或者组合来完成业务应用系统的实现。

4.3 基于平台的业务化实现

4.3.1 系统构建流程

基于综合服务平台的工程水量调配业务的应用系统构建主要包括确定业务主题、主题知识图绘制、业务组件化和业务应用系统搭建四个步骤，具体如下：

（1）确定业务主题。根据引汉济渭工程运行的特点及需求，将其划分为四个主题：水库多模型预测及区间化预测机制、多水源多尺度嵌套滚动修正调度、基于数字水网的受水区水资源调配和水源区-受水区水量联合调配，每一个主题下可以包含多个子主题，形成主题库。例如水库多模型预测及区间化预测机制可分为多模型组合综合预测、区间化预测等两部分内容。

（2）主题知识图绘制。将径流预测、水资源配置、水量调度等业务流程采用可视化工具概化予以展现，采用这种知识可视化方式，能够清晰地描述调水工程调输配业务的不同主题、不同业务的流程。例如以水资源配置为例，通过将受水区的水源、用水户、输配水管网概化并可视化展现，形成工程调配水系统主题知识图，在知识图中能够直观地看出水源和用水户之间的供需关系，水源对用水户输配水的先后顺序。知识图操作流程如图4-3所示。

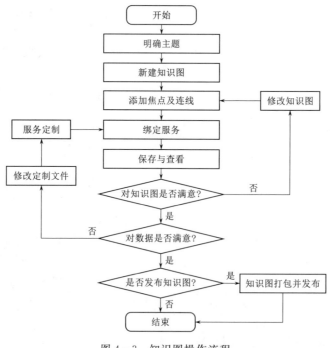

图4-3 知识图操作流程

（3）业务组件化。按工程调输配业务不同主题下的业务流程划分组件，划分后的组件可以独立运行，包括径流预测组件、调度模型方法组件、供需平衡分析组件等。组件的开发可以采用任何编程语言。组件开发完成后，采用 Axis2 Service Archiver 插件将组件源代码进行封装，然后在 Axis 的服务界面将封装好的文件上传到后台服务器，同时在 UD-DI 服务中心对组件进行注册形成用于业务应用的 Web 服务，即建立组件库。组件库主要负责存储封装好的组件，搭建业务系统时用户只需要从组件库中调取。

（4）业务应用系统的搭建。组件开发、注册发布完成后，基于综合服务平台的引汉济渭工程运行调配应用系统的搭建就比较简单了，首先将业务流程化，然后将流程可视化形成知识图，最后添加相应组件即可实现业务应用系统的搭建。

4.3.2 知识图绘制

绘制知识图之前首先需了解业务流程，基于综合服务平台的知识图绘制过程为：首先创建一个空的知识图，点击"新建定制文件"图标，在弹出的界面中选择"知识图定制"，创建完成后就需要绘制知识图，平台提供了绘制知识图的工具栏，在工具栏中选择一个节点图标，如方框图标，在空白知识图界面上单击鼠标左键即出现选中的图标，然后双击图标可以修改文字，同时可以使用工具栏对图标背景颜色，文字大小等进行美化；节点绘制完成后，根据业务流程关系将节点通过箭头连接，完成知识图的绘制工作，如图 4-4 所示。

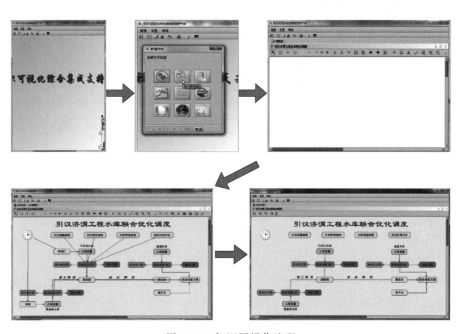

图 4-4　知识图操作流程

4.3.3 业务组件开发

次组件程序的编写一般可采用 Eclipse、myEclipse、IDEA 等编程软件，采用 Java 开发语言进行水库预报调度模型、方法、基本信息代码的编程。组件一般包括信息服务类和业务组件类，信息服务类组件包括调度的基本信息、基本数据等，该类组件要包括 JELLY 文件、XML 文件；业务类组件是要有数据源，即组件与组件间要有数据流通途径。信息服务类组件服务于业务类组件，组件开发的流程如图 4-5 所示，包括如下内容：

（1）确定编写组件的思路，明确组件所涉及的内容。

（2）创建程序工程包，链接水库预报调度数据库。

（3）确定组件所对应的程序编号，并注册组件[196]。

（4）编写主程序。

（5）编辑用户定制界面的 JELLY 文件。

（6）编写 XML 文件。

（7）在编程软件中运行开发的程序，以 SCHEMA 形式输出组件结果。

每个组件的开发流程和形式基本是相似的，主要是程序的中间计算部分不同，根据组件的作用不同而不同，组件是为主题业务而服务的。可以比喻综合服务平台是楼房的地基，组件是砖块，用组件搭建业务的"楼房"。

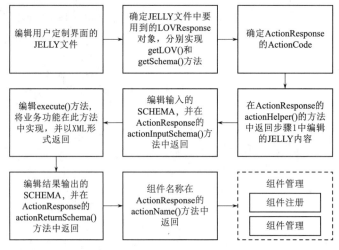

图 4-5　组件开发流程

4.3.4　组件定制

基于综合服务平台的组件定制过程如图 4-6 所示，步骤如下：

（1）点击平台中"新建定制文件"按钮，在弹出的界面中选择"业务组件定制"。

（2）在组件服务列表中选择需要定制的组件服务，点击下一步进入组件库列表。

（3）在组件库列表中选择需要的组件。

（4）如果选择的组件是信息服务类组件，则需要构造 XML，点击界面中的"构造 XML"按钮，在弹出框中选择相应的信息，然后点击确定即可；如果选择的组件是业务类组件，则不需要构造 XML，只需选中"开放"，然后点击下一步。

（5）输入组件的名称，选择组件保存的位置，点击"完成"按钮，生成后缀名为 info 的文件，组件定制完成。

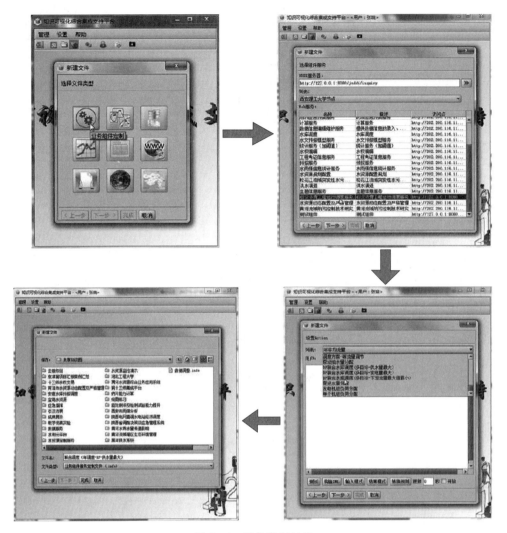

图 4-6 组件定制过程

4.3.5 组件添加及系统运行

组件定制好后，只需要将定制好的组件添加到主题知识图中对应的节点即可运行。组件添加的具体步骤如下：

（1）首先进入知识图编辑界面，双击知识图中的节点，在弹出框中点击左下方的"加号"图标，进入组件选择界面。

（2）选择所需要的组件，点击"打开"完成组件添加。

（3）在组件添加界面输入可描述节点功能的文字。

（4）组件添加完成后，依次点击工具栏中的"保存""查看"按钮，进入系统应用界。

（5）在应用界面中，鼠标右键单击已添加组件的节点，显示组件名称，单击后即可运行组件，从而实现业务应用系统的运行。

组件添加及系统运行流程如图 4-7 所示。

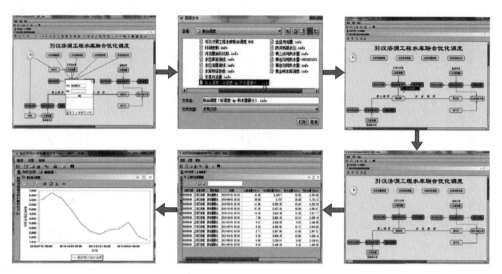

图 4 - 7　组件定制流程

第 5 章

调输配一体化数字水网

5.1 数字水网构建的必要性

当前，各行各业分别提出智慧电网、智慧交通、智慧医疗等概念。目前四大基础性网络已日趋完善，其中包括通信网、能源网、交通网、水网，前三个已经进入智慧化阶段。而水网作为基础网络中最重要的一部分，目前智慧化程度并不高。

我国的数字水网工程大多是以河流水系连通为基础网络，将现代信息技术、通信技术、自动化控制技术等综合集成，形成水利信息化建设的载体，为水利管理部门提供安全、可靠、经济的水利业务服务，实现决策支持的作用。"数字清江"是张勇传院士提出数字流域并应用于清江的建设，同时是我国第一个流域信息化建设的示范系统。智能水网作为智慧流域的前沿方向和治水实践的基础设施，能够统筹水灾害、水资源、水生态、水环境和水工程等治水领域，是新时代"节水优先、空间均衡、系统治理、两手发力"治水思路实施的集成性抓手。当前，我国正在积极开展水利基础设施网络建设，并将信息化作为实现水治理现代化的重要载体，同时深化水管理体制机制改革，这些工作的实施为智能水网工程建设奠定了坚实基础，但我国智能水网建设还处于实践探索阶段。现阶段对智慧水网的研究，偏重于实体网络的建设，如实施监测和数据传输采集设备的建设，或基于空间数据进行数字水网或数字流域的构建，更多的是用于可视化展示及信息查询等功能，并未将水量调度、水资源配置等相关业务与数字水网进行耦合应用。现阶段对空间数字水网的研究并不能有效地反映供水系统与需水系统间的关系，需要数字水网能够实现对水资源系统供、需关系的逻辑描述，这个逻辑描述可以用拓扑网络予以描绘，因此，如何构建拓扑数字水网成为基于数字水网实现跨流域调水工程水量调配所要研究的重要内容之一。

5.2 数字水网研究进展

"数字水网"（Digital Water Grid）是根据 1988 年 1 月美国副总统戈尔提出的"数字地球"概念衍生而来的，是水利信息化发展过程中的产物，也是实现水资源现代化管理的一种手段。国外发达国家对"数字水网"的研究起步较早，目前已将"数字水网"提升到"智慧水网"和"智能水网"的层面。美国、澳大利亚、以色列、韩国等国家进行了"智能水网"建设的实践探索。

2009 年 5 月美国初次提出了"智能水网"概念，随后国家智能水网工程规划被提出，逐步建设完成了"国家智能水配置网"和"区域水信息服务网"。通过国家智能水配置网工程沿密西西比河流域的战略关键点铺设管道，将洪水引入密西西比河及其支流，从而实现洪水的资源化利用。区域水信息服务网主要是建设了得克萨斯蒸散发网络（Texas Evapo Transpiration Network），该网络促进了美国西部干旱和半干旱地区的农业发展，在线为用户提供天气数据、当前和平均蒸散发数据，支撑美国各类气候条件和区域状况下农业节水措施的研究[197-198]。

2008 年澳大利亚开始建设 SEQ "智能水网"工程，该工程建立了输水管网系统，将澳大利亚水资源丰水区域的水资源用于补给缺水区域，来改善缺水区域的干旱缺水状况，实现了水资源的高效利用。2008 年 8 月在墨尔本建设了维多利亚智能水网工程，该工程将东南的吉普斯兰河与东北的威米拉河连接起来，首次将水调往北方，应对北方的缺水问题。此外澳大利亚还建设了宽湾智能水网工程，该工程建成后，昆士兰州的费沙海岸地方政府的管辖范围的公园喷泉用水采用雨水回用，工业用水提供废污水回用[199-200]。

以色列国家水网工程从 1953 年开始建设，历时 11 年建成了"南水北调"全国性输水工程，该工程的管道输水率达到了 95%，解决了全国一半以上耕地的灌溉问题，现在以色列国家水网工程的输水管道通过计算机联网控制，根据需要进行实时统一调度[201]。

2011 年韩国建筑科学研究院（KICT）提出并实施了智能水网项目，通过国家智能水网项目进行水资源管理基础设施建设，通过建设传感器网络来收集水资源管理信息，通过水资源信息管理平台来进行信息管理；并建立水资源开发利用及水资源交易平台，实现水资源合理配置，提高水资源的合理利用率[202]。

我国"数字水网"概念是基于"数字流域"研究逐步提出来的。张勇传[202] 提出"数字流域"概念后，该方向的研究获得了迅速发展，主要包括数字流域框架研究、数字流域的基础平台建设、数字流域模型及流域数字化相关技术等方面的研究，为我国数字化流域建设提供了高科技手段，对解决水资源问题、水灾害问题提供了一种新的研究方向。周晓峰和王志坚[203] 对"数字流域"的概念进行了阐述，从数据采集、数据库系统建设、数据调用平台三个方面研究了数字流域的系统模型来管理多维流域数据。袁艳斌等[204] 针对海量流域数据的复杂性，从主题式点源数据库的建设的角度出发，采用"多 S"结合与集成的层次开发模式，建立了主题式点源数据库系统，实现了海量流域数据的一体化管理。汤君友和高峻峰[205] 从探讨数字流域的概念入手，从数据监测、数据传输、数据存储及管理、流域模拟等方面提出了数字流域的整体框架。牛冀平[206] 从软件工程的角度出发，将数字流域系统划分为基础层、专题层和综合层，建立了数字流域系统的正交软件体系结构，为数字流域系统的进一步开发打下了基础。刘吉平等[207] 以数字清江为例，从分布式空间数据库建设、元数据交换中心建设、空间信息处理站建设等角度出发，构建了数字清江空间信息及其分析与仿真框架结构，来解决数据量大，集中存储不便的问题。张秋文等[208] 研究了数字流域整体框架构建的地理信息系统技术、遥感技术、虚拟现实技术、网络和超媒体技术等关键技术。随着"数字黄河[209]""数字长江[210]"等数字流域应用系统的建设反映了我国水利信息化的发展趋势，也反映出了我国水资源问题十分严峻，亟须用先进的科学技术来解决水问题。"数字清江[211]"是张勇传院士提出数字流域并应用于清江的建设，同时是我国第一个流域信息化建设的示范系统。"数字黄河[212]"，是将物理实体黄河进行虚拟化和数字化，它通过建立黄河流域的地形地貌虚拟现实环境，对黄河流域的自然规律进行模拟和分析研究，在治理黄河的管理和开发及整治中占有至关重要的地位。"数字黄河"工程目前基本上实现了黄河流域的信息资源共享，改善了黄河的防洪减灾、水资源配置、水资源保护和水利工程建设和管理水平，增强了决策的科学性和时效性。"数字黑河"是基于 Skyline 和 Arc GIS 接口开发的，实现了黑河流域地形三维可视化系统，可以对黑河流域地形场景进行形象逼真的展示，基于三维环境实现了空间分析、信息查询等功能，能对流域内绿洲空间格局演变等具有较大尺度的现象和过程提供良好展示。

2013 年"国家智能水网工程框架设计研究"项目组发表论文《水利现代化建设的综合性载体——智能水网》，该文章面向水利现代化的实践需求，结合水利规划、建设、管理与现代信息技术发展趋势，阐述了智能水网（Smart Water Grid）的概念性结构，智能水网就是由智能化的水物理网、水信息网、水管理网有机耦合而成的网络体系，并对水物理网、水信息网和水管理网的内涵及其智能化表征进行了界定，搭建了国家智能水网的总框架。

智能水网作为智慧流域的前沿方向和治水实践的基础设施，能够统筹水灾害、水资源、水生态、水环境和水工程等治水领域，是新时代"节水优先、系统治理、空间均衡、两手发力"治水思路实施的集成性抓手[214-215]。当前，我国正在积极开展水利基础设施网络建设，并将信息化作为实现水治理现代化的重要载体，同时深化水管理体制机制改革，这些工作的实施为智能水网工程建设奠定了坚实基础，但我国智能水网建设还处于实践探索阶段。

通过对国内外"数字水网"或"智能水网"工程的实践经验，可以看出：

（1）"数字水网"或"智能水网"是水利信息化发展过程中的产物，代表了信息化、数字化、智能化以及系统化的现代化管理模式，是各国实现水资源现代化管理发展的主流趋势。

（2）数字水网的建设偏重于实体水网的数字化建设，主要用于实时监测、虚拟仿真、数据传输采集等信息服务的建设，更多的是可视化展示、信息查询以及智能化管控等方面的研究，并未将水量调配等相关业务与数字水网进行耦合应用。

5.3　调输配一体化数字水网构建

物理水网中流的是水，数字水网中流的是数据和信息，基于物理水网的联调准则，通过拓扑概化，构建数字水网，关联工程各个控制性节点，实现工程"调水-输水-配水"连通和联动。

5.3.1　数字水网概化与拓扑关系描述

5.3.1.1　数字水网的拓扑元素概化

数字水网中的拓扑元素包括：结点、弧和面域（多边形）三类，在水资源系统中，概化后的拓扑元素表示在给定计算规模下水资源系统内数学表达的最小单位，通过属性描述拓扑元素的特性。拓扑数字水网的拓扑元素概化包括基本拓扑元素概化和抽象拓扑元素概化。

1. 基本拓扑元素概化

基本拓扑元素概化指的是水资源系统中天然河道、实体工程的拓扑图形元素概化，通过属性描述拓扑元素的特性。

（1）结点：水资源系统中的水利工程、控制断面等都需概化为结点图形元素，结点拓扑元素概化时不考虑实体的大小，都采用结点图形来表示。在拓扑数字水网中，结点拓扑图形元素还可以表示为河流、渠系的交叉点。

（2）弧：指的是拓扑图形元素中的有向线段。拓扑数字水网中的弧是用来描述水资源系统中的水源流向和水量相关关系的结点间有向线段，反映了离散结点元素之间的连通关系。天然河道、供水渠道、地表水和地下水转换关系等都是典型的弧元素。

（3）面域：面域是水资源系统中的点状元素和线状元素间关系的集合，严格来说，面域不属于水资源系统的实体元素，例如：某行政区域水源和用户间的供需关系的概化表现形式就是面域。面域的构建是数字水网构建的重要环节。

基本拓扑元素与实体的对应关系见表5-1。

表5-1　　　　　　　　　　　基本拓扑元素与实体的对应关系表

拓扑元素	类　型	所代表系统实体
结点	工程结点	蓄、引、提水利工程（包括水库、引水工程、水电站等）、跨流域调水工程等
	汇水结点	系统水源最终流出处，如海洋、湖泊尾闾、出境等；河流、渠系的交叉汇水节点
	控制结点	通江湖泊（湿地）、有水量或水质控制要求的河道或渠道断面
	分水结点	河流、渠系的交叉分水点
弧	河道/渠道	代表水源流向和水量相关关系的节点间有向线段，如天然河道、供水渠道、污水排放途径、地表水和地下水转换关系等
	水源流向和水量相关关系	天然河道和供水渠道流向、污水排放途径等

2. 抽象拓扑元素概化

抽象拓扑元素是基本拓扑元素的扩展，通过适当抽象和聚合概化而成的拓扑元素。

（1）结点：结点抽象拓扑元素概化主要包括水源类、用户类，见表5-2。

表5-2　　　　　　　　　　　抽象拓扑元素概化

水源类	水源元素	用户类	用户元素
地表水源	地表水	生产	农业
	外调水		工业及三产
地下水源	浅层地下水	生活	农村生活
	深层地下水		城镇生活

续表

水源类	水源元素	用户类	用户元素
其他水源	海水淡化	河道外生态	城镇生态
	雨水聚集	河道内生态	发电、航运
	污水回用		河道内生态需水

1）水源类：水源类聚合拓扑元素主要包括地表水源、地下水水源和其他水源。地下水元素是指划分的计算单元范围内开采地下水的工程能力的总和，是计算单元范围内地下水源的聚合概化，依据实际水资源业务需求还可细分为浅层地下水和深层地下水。其他水源包括海水淡化、雨水聚集、污水回用，同样海水淡化、雨水聚集、污水回用也是通过抽象和聚合概化而来的，也分别表示计算单元范围内海水淡化总能力、雨水聚集总能力以及回用污水的总能力。

2）用户类：用户类聚合拓扑元素主要是从用水户的角度出发概化的，以水资源调配为例，主要依据"生活、生产、生态"和"农村、城镇"两类口径进行概化聚合，包括区域计算单元的城镇生活需水、农村生活需水、城镇生态需水、工业需水、农业需水等，实际应用中可依据实际的水资源业务需求进行抽象和聚合概化。

（2）弧：弧的抽象拓扑元素概化主要指的是没有实际物理载体的水量转换关系的抽象概化，通过用这种弧的抽象拓扑元素来反映水资源供水网络中不同形式的水量关系的转化，如：地表水和地下水转换关系；概化的用来描述供需关系的供水路线等。

5.3.1.2 数字水网的拓扑关系描述

数字水网的拓扑关系指的是点状元素和线状元素的水力连接关系，拓扑关系构建就是概化各点状元素与面状元素间的水量传递转化路径。数字水网拓扑层的拓扑关系表现了水资源系统中水源运动转化的过程，水资源是通过线状元素进行水力传输，水资源在水力传输过程中可以减少，不但能转换为其他类别的水资源。通过点状元素实现水资源的汇合、分流和转换，点状元素是调蓄和水资源转换的枢纽。线状要素的交叠指的是水资源水力传输概化后线状要素交叠在一起，这种情况下没有实际的水资源交换关系，在数字水网中的基本拓扑关系可分别表示为如图5-1所示形式。

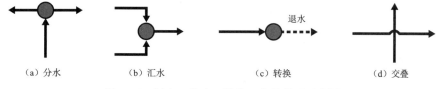

（a）分水　　　　（b）汇水　　　　（c）转换　　　　（d）交叠

图5-1　汇水、分水、转换、交叠关系示意图

结点和弧是数字水网的基本组成拓扑要素，是水资源系统水力传输关系在拓扑意义上的表示，建立结点和弧间关系的过程也是描述两者之间水力关系的过程，每个弧都有一个起始结点和终止结点，结点通过单向连接线（弧）连接。结点间的连接关系主要从初结点开始，经过分水、汇水、交叠、转换，到终结点结束。建立结点间的拓扑连接关系，其方向是依据结点间的水力联系的水流传输方向确定的，例如：从初结点（水源）开始，通过

分水、汇水、转换、交叠的中间结点到终结点（用户）结束。因此，建立拓扑元素间关系的过程，就是构建数字水网的过程。

5.3.1.3　数字水网的拓扑关系存储

拓扑数字水网是水资源系统中各要素的水力联系抽象为结点和有向弧构成的网状拓扑结构，图 5-2（a）是概化的数字水网，图 5-2（b）是基于数字水网抽象的拓扑网状结构，图 5-2（b）中 S1～S6 结点为水源类结点，Y1 和 Y2 结点为用户结点，Z1～Z3 结点为分水、汇水结点。通过上述拓扑关系的描述，如何存储、管理数字水网的拓扑关系是数字水网构建的重要内容。在进行数字水网数据存储时，本书将数字水网数据划分为图形数据和拓扑关系数据两大类，而拓扑连接关系是最核心的部分，本书将这种拓扑关系结构用关联矩阵来描述，采用动态数组进行存储。

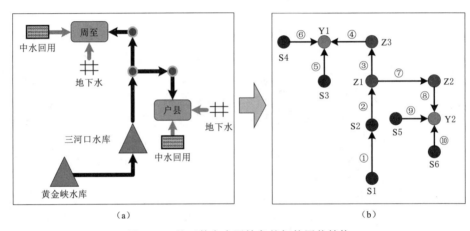

图 5-2　基于数字水网抽象的拓扑网状结构

这种基于数字水网抽象的拓扑网状结构可以运用的关联矩阵来进行描述，从而描述数字水网中各个要素的水力联系。数字水网的拓扑关系，本书采用关联矩阵作为存储结构，定义数字水网抽象的拓扑网状结构有 m 个结点（包括初始结点、中间结点、终结点）、n 条有向边（线状元素）组成，其关联矩阵为：

$$A_{mn} \begin{bmatrix} a_{11} & a_{12} & \cdots & a_{1n} \\ a_{21} & a_{22} & \cdots & a_{2n} \\ \vdots & \vdots & \vdots & \vdots \\ a_{i1} & a_{i2} & \cdots & a_{in} \\ \vdots & \vdots & \vdots & \vdots \\ a_{m1} & a_{m2} & \cdots & a_{mn} \end{bmatrix} \tag{5-1}$$

其中，令

$$a_{ij} = \begin{cases} 1 & \text{若边 } j \text{ 与结点 } i \text{ 有水力联系，且 } i \text{ 是边 } j \text{ 的终点} \\ -1 & \text{若边 } j \text{ 与结点 } i \text{ 有水力联系，且 } i \text{ 是边 } j \text{ 的始点} \\ 0 & \text{若边 } j \text{ 与结点 } i \text{ 没有水力联系} \end{cases}$$

通过关联矩阵可以概化拓扑水网中结点与管道的水力联系以及水流流向，运用关联矩阵可以描述水源与用户间的供水路径。例如图 5-2 基于数字水网抽象的拓扑网状结构图，以结点为行，有向边为列，其关联矩阵如下：

对于关联矩阵中的每个结点，可以得到一个"结点向量"，表达了该结点与各边的连接关系，例如结点 Z1，其结点向量为（0，－1，1，0，0，0，1，0，0，0），第 1、4、5、6、8、9、10 个分量为 0，则表示有向边 1、4、5、6、8、9、10 与结点 Z1 不相接，即没有水力联系；第 2 个分量为－1，则表示有向边 2 与结点 Z1 相连，并以结点 Z1 为始点；第 3、7 个分量为 1，则表示有向边 3、7 与结点 Z1 相连，并以结点 Z1 为终点。因此，通过关数字水网就可以转化为关联矩阵，反之，通过关联矩阵，也可就可以把数字水网水源和用户间的关系描述出来。

$$
\begin{array}{c}
 & ① & ② & ③ & ④ & ⑤ & ⑥ & ⑦ & ⑧ & ⑨ & ⑩ \\
S1 & 1 & 0 & 0 & 0 & 0 & 0 & 0 & 0 & 0 & 0 \\
S2 & -1 & 1 & 0 & 0 & 0 & 0 & 0 & 0 & 0 & 0 \\
S3 & 0 & 0 & 0 & 1 & 0 & 0 & 0 & 0 & 0 & 0 \\
S4 & 0 & 0 & 0 & 0 & 0 & 1 & 0 & 0 & 0 & 0 \\
S5 & 0 & 0 & 0 & 0 & 0 & 0 & 0 & 0 & 1 & 0 \\
S6 & 0 & 0 & 0 & 0 & 0 & 0 & 0 & 0 & 0 & 1 \\
Y1 & 0 & 0 & 0 & -1 & -1 & -1 & 0 & 0 & 0 & 0 \\
Y2 & 0 & 0 & 0 & 0 & 0 & 0 & 0 & -1 & -1 & -1 \\
Z1 & 0 & -1 & 1 & 0 & 0 & 0 & 1 & 0 & 0 & 0 \\
Z2 & 0 & 0 & 0 & 0 & 0 & 0 & -1 & 1 & 0 & 0 \\
Z3 & 0 & 0 & 0 & -1 & 1 & 0 & 0 & 0 & 0 & 0
\end{array}
\tag{5-2}
$$

5.3.2 数字水网的数据流模型

数字水网是将水资源系统中的河流、水库等各元素进行抽象并概化，建立数字水网图元库；基于综合服务平台，通过点、线拓扑关系描述水资源系统中各元素之间的关系，通过可视化的构建界面构建水资源系统的数字水网；结点下通过组件技术，添加计算模型，元素间水量转换关系借助单向数据流进行数据传递，实现水资源的业务应用。

数据流作为通信载体连接数字水网中各个计算结点，是对数据流通信边的抽象。结点与结点间是通过单向工作流进行连接的，当触发后一个结点下的组件时，前一个组件的数据通过组件间的单向工作流进行传递，所以结点组件的数据的交互是基于组件的工作流实现的。数字水网层的数据流主要描述水网节点间的关系，业务组件间的数据流用来传递业务数据，建立数字水网的数据流模型如图 5-3 所示。

数字水网的工作流模型如下：

（1）流程控制：流程控制结点分为起始/结束结点、计算控制结点两类。

（2）流程控制结点的共有属性包括：状态、上层结点地址列表、结果缓存区，其中开始/结束结点还包括开始/结束标志位。

（3）业务组件结点：当控制流中的某一个组件节点被触发后，结点首先监测状态是否被运算过，若已运算，直接显示运算结果，并清除其后的缓存，若未运算，向上递归，直到找到已运算的结点或开始结点，其后调用结点的计算地址所对应的服务，将输入传入计算服务器，对结果进行计算。当输入服务器对结果进行返回后，控制结点将结果进行缓存并存入下层结点，依次进行迭代计算。若计算中某个结点有错误，则直接终止计算并显示错误信息。

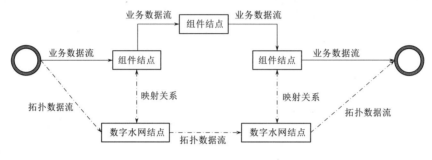

图 5-3　数字水网的数据流模型

（4）数字水网结点：为了区分数字水网结点与业务组件结点的控制逻辑，定义数字水网节点的 4 种逻辑类型集合为 $C = \{\langle and, and \rangle, \langle and, Xor \rangle, \langle Xor, and \rangle, \langle Xor, Xor \rangle\}$，$\langle l, o \rangle$ 表示水网结点间的输入、输出逻辑。

对组件的工作流方式进行定义后，从活动的角度看，数据流涉及的数据分为三类：输入数据、输出数据和内部生成数据，采用 XML 定义输入、输出数据，XML 与 Scheme 能够在数据形式和数据处理机制上统一服务活动的对外数据端口，规定与其他结点元素间传递数据的转换方式，如图 5-4 所示。

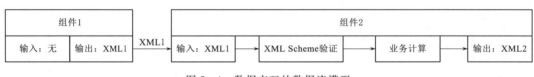

图 5-4　数据交互的数据流模型

5.3.3　业务数字水网的可视化构建

5.3.3.1　业务数字水网拓扑可视化实现

综合服务平台向用户提供了一个可视化的数字水网构建环境，通过结点、线的不同组合，实现不同业务应用主题下的数字水网构建，如图 5-5 所示，具体功能如下：

（1）用户界面功能。基于综合服务平台，通过图形对象的可视化构建数字水网，具有以下功能：

1）数字水网的构建界面是一个图形化界面，不是命令形式。

2）数字水网的构建界面具有菜单栏、快捷键、工具栏等，与常用 Windows 平台下软件保持风格一致。

3）为了数字水网可视化构建，综合服务平台为用户提供数字水网图形工具箱、数字水网可视化构建区域。

4）为了实现基于数字水网的业务应用，可通过属性设置窗口对数字水网结点对象进行业务属性添加设置，提供给用户对基于数字水网进行水资源业务应用。

（2）图形管理功能。通过界面绘制水网结点图形进行可视化数字水网搭建，所以需要综合服务平台提供数字水网各个结点元素图像的管理功能，主要包括以下几方面的功能：

1）图形对象的添加：在数字水网构建区域能够通过鼠标进行水网的可视化搭建，数字水网概化的拓扑元素代表实际的业务应用对象。

2）图形对象的编辑：用户在数字水网构建区域利用图形对象构建水网时，需要平台提供图形编辑的功能，包括：图形的绘制、图形的背景添加，图形的移动、缩放、剪切、复制、粘贴、删除及图形对象的对齐、旋转等功能。

3）图形对象间的连线：具有对数字水网拓扑元素图形对象间添加有向的连线，表示水资源系统对象间的水力联系。

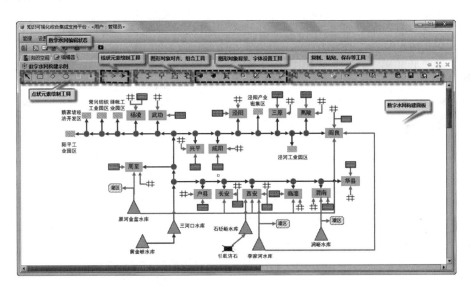

图 5-5　数字水网可视化构建界面

5.3.3.2　引汉济渭工程受水区数字水网构建实例

（1）数字水网元素概化。引汉济渭工程受水区水资源配置业务的数字水网构建目的是通过数字水网厘清受水区供水系统和需水系统间的水量传输关系，基于数字水网实现水资源配置业务应用。依据引汉济渭工程受水区供、需水系统现状进行元素概化。

1）点状要素（结点）。水源结点类主要包括水库、饮水枢纽、污水处理结点等；需水结点类主要为受水区各个用水用户等。

2）线状要素（弧）。线状要素主要包括实体的供水渠道、概化的污水排放途径、以及水源和用户将间的水量相关关系等。

依据数字水网的构建原理，根据需要将各元素进行概化，用相应的图元予以表示，进行可视化描述，表5-3展示了部分主要图元概化情况。

表 5 - 3　　　　　　　　　　　　　主要图元概化表

序号	图元	知识要素	序号	图元	知识要素
1		用水户	7		地下水井
2		提水、引水工程	8		再生水水源工程
3		规划水库	9		已建水库
4		灌区用水户	10		工业园区
5		供水管道	11		污水回用
6		分水节点			

　　（2）数字水网构建。通过综合服务平台提供的数字水网构建环境，可以根据引汉济渭工程物理水网，根据水网的连通准则，构建引汉济渭工程输配水一体化数字水网。根据实际调配业务的需求，可构建出不同空间尺度、不同应用主题、不同业务需求的数字水网。通过知识图的嵌套技术，可实现全局水网、局部水网（水源区或受水区），能关联在一起用，也可以独立出来用，从而实现引汉济渭工程调水-输水-配水三部分的所有控制性节点耦合贯通，并在业务上联动起来。引汉济渭工程供水后规划年（2030 年）关中受水区的数字水网如图 5 - 6 所示。

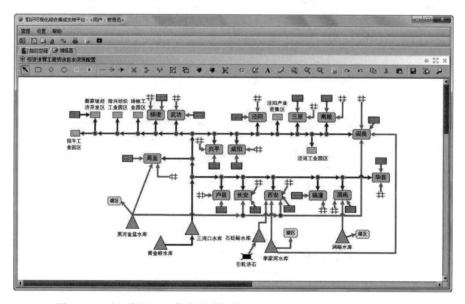

图 5 - 6　引汉济渭工程供水后规划年（2030 年）关中受水区数字水网

5.4　调输配联调联控业务化实现

5.4.1　面向主题的业务组织方式

　　面向主题的业务组织方式就是在较高层次上对水资源配置业务进行一个完整的、层次化的抽象描述，通过各个层次的主题来刻画水资源配置业务所涉及各方面内容、各内容之间的联系以及各内容之间的层次关系。面向主题的业务组织应用是基于综合服务平台实现的，通过综合服务平台来实现各个相关业务主题的系统集成和数据环境重组、共享。

将各类水资源业务逐级、分类划分为不同业务主题，可对一级主题进一步划分多个主题，业务主题的划分应满足以下条件：

（1）有且只有一个水资源业务根主题。

（2）除了水资源业务根主题，其他的业务主题都有父业务主题。

（3）水资源业务主题不存在直接或间接的循环引用关系。

水资源业务主题的层次划分条件如下：

（1）保证了每个主题层次划分的主题序列只有一个入口。

（2）保证水资源主题层次划分后有清楚的层级结构。

（3）保证主题划分后不会出现业务主题无限嵌套的情况。

因此，满足上述主题划分条件和层次划分条件的主题层次结构称为有效主题划分。根据以上业务主题划分条件，将业务主题目标转换为业务流程目标，然后将业务流程目标转换为业务子流程目标，直到转换为具体业务活动目标为止。由于每个层次的业务主题目标都是有父主题目标分解而成的，通过每个层次的业务主题实现，进而确保根主题目标的实现，其过程如图5-7所示。

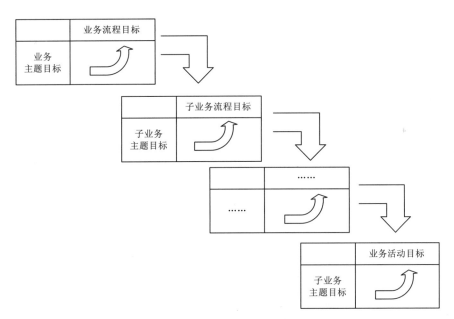

图5-7　业务主题分解过程图

通过业务主题分解，将根主题作为最上层节点，按照水资源业务逻辑的层次关系自上而下进行逐层细化，如图5-8所示的是将水资源配置业务进行业务主题划分后得到的主题层次结构，称为水资源配置业务主题树。在业务主题树上，每个业务主题具有明确的业务实现目标。水资源业务主题树划分过程体现了水资源业务主题实现的业务逻辑，通过不同层次的业务主题活动来实现该业务逻辑。

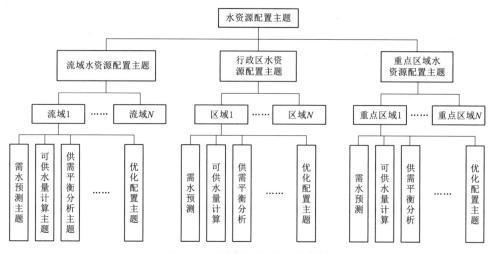

图 5-8　水资源配置业务主题树

5.4.2　基于组件的业务化实现

水资源业务组件组合定制技术改变了传统水利软件开发、应用的模式，通过组件服务的方式提供给使用者，通过服务组合进行水资源业务应用的构建。

5.4.2.1　业务组件网搭建方式

为了提高水资源业务应用系统的可扩充能力，通过水资源业务组件按照水资源业务流程、逻辑进行组合应用，通过单向数据流衔接各个水资源业务组件，通过标准的水资源组件输入、输出接口，实现组件数据的传递与交换，进行数据信息处理，组件组合应用的基本类型如图 5-9 所示。

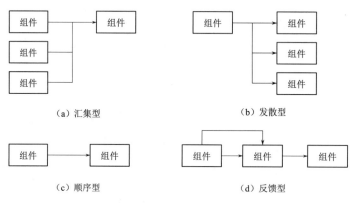

图 5-9　业务组件基本组合类型

采用组件技术将水资源业务模型进行组件划分后，定义标准的参数接口、组件接口和数据接口，封装成标准化的服务组件，基于以上水资源业务组件组合应用基本类型，考虑水资源业务流程和业务逻辑将组件重新组合依次进行连接，进行水资源业务组合搭建，形成水资源业务应用流程，构建业务组件网（见图 5-10），通过业务组件网实现水资源业务应用。

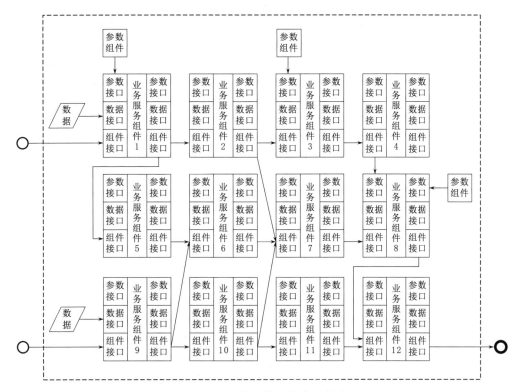

图 5-10 业务组件网构建示意图

通过标准化的组件接口设计，实现模型组件间的数据信息的交换，提高了模型的复用能力，便于模型的扩充，而且模型组件接口的标准化是水资源业务模型组件的共享的基础。水资源业务组件按输入来源方式来划分，可以分为两类：开放式组件和非开放式组件。非开放式组件指的是该组件的输入是在组件定制的时候定制的，直接通过数据接口按定制时设定的要求从数据库读取，开放式组件指的是该组件的输入全部或部分由上一个组件的输出提供。

最后，将知识图与业务组件进行组合应用，通过知识图描述业务组件间的组合关系，通过业务组件的组合应用实现知识图描述的水资源配置管理业务。

5.4.2.2 业务组件网的数据交互

业务组件间的数据交互与数字水网节点间数据交互类似，都是通过单向数据流进行数据传递，通过对数据进行标准化处理，实现组件数据间的交互。

5.4.2.3 业务组件网的业务逻辑定制

在水资源业务应用中，由于定制的水资源业务应用要不断地适应水资源业务的变化需求，适应统一业务模型在不同区域、流域的应用，按需供应的业务服务模式必然要打破原有的业务逻辑，使得用户能够根据自己的水资源配置管理业务需求来重新定制业务组织逻辑，其定制过程如下：

（1）业务逻辑规则的定义：系统研发者在进行水资源配置管理业务模型开发时，已经定义了该业务模型的组织逻辑，用户通过业务检索，得到相关的水资源业务应用模板，用户可根据模型组件的输入、输出条件，依据水资源业务情况对业务模型进行重新组合构建，这样用户则定义了一条新的完整的业务规则。

（2）业务逻辑规则格式转换：新的业务规则被定义好后，各组件间的逻辑规则的条件部分和运行功能部分将被进行格式转换，转换后的水资源业务逻辑规则可被综合服务平台引擎识别，实现业务应用。

（3）业务逻辑规则存储：格式转换后的水资源业务逻辑规则按照规则文件的格式进行组装存入到该水资源业务知识包文件中。

（4）业务规则执行：当平台运行一个水资源业务应用时，平台将会把该业务应用规则文件转载到平台规则引擎库中，供平台调用。

5.4.3　基于数字水网的水量调配业务化实现思路

水资源配置实际研究是水资源的调控、水资源的管理问题，随着水资源管理理念以及信息化技术的快速发展，水资源配置正朝着智能化的方向发展，本书基于综合服务平台，构建了数字水网，并将数字水网应用于水资源配置业务中。基于数字水网的业务化实现的思路的层次结构（见图 5-11），将数字水网与水资源配置业务组件网进行耦合应用，实现基于数字水网的水资源配置业务。

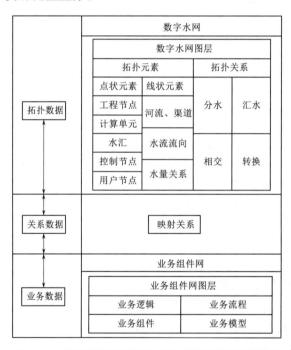

图 5-11　基于数字水网的业务化实现思路的层次结构

数字水网的构建是在实体水网的基础上，分析实体水网中的实体工程与用户间的关系、水量转化过程，构建的水资源拓扑关系网。数字水网是实体水网的拓扑实现，同时也是水资源调控、管理的水量转化过程的概化。业务组件网是以水资源调配的业务化表现，是按业务逻辑构建的一系列水资源业务活动，通过业务化将水资源调配过程也业务组件组合应用的方式予以实现，业务组件网是一系列逻辑相关的业务活动的有序集合。通过建立数字水网与业务组件网的映射关系，实现数字水网与业务组件网的耦合应用。数字水网描述的水量转化过程是水资源系统的调控、管理的对象，业务组件网是水资源调配业务流的载体，业务流以业务应用为出发点，以实现水资源的循环调控、管理为目的，将水资源系统内水量转化过程和水资源业务流程有机联合在一起。数字水网的水量转化过程与业务组件网业务流程方向一致，也就是说水资源配置业务流程在水量转化过程中的一种映射，通过业务活动的相互作用，体现水资源系统中水量转化的机理。

5.4.4 数字水网与业务化的耦合应用实现

数字水网与业务应用组件构建的业务关系网之间的映射关系如图 5-12 所示，不同主题粒度构建的数字水网中，每个结点往往隐含对应了多个业务活动，将业务活动划分开发成相应的组件，通过组件的组合应用实现业务活动。通过建立数字水网结点与业务组件关系网间的映射关系，实现基于数字水网的水资源业务应用，这样，数字水网可映射成为业务知识应用流程中的业务知识活动，业务知识活动间的关系也可以映射成为数字水网结点元素间的相互应用关系。通过数字水网和业务组件网之间的映射关系，使得基于数字水网的业务流程表示和应用成为可能。通过对模型方法过程、逻辑的描述可将水资源业务模型、方法概化业务组件，通过业务组件的组合应用，实现相应的水资源业务，同时灌溉需水量组件还可在水资源供需平衡分析、水资源配置等相关业务中进行重复应用。

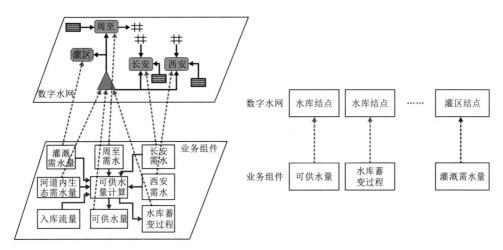

图 5-12　数字水网与业务组件间的映射关系

为了实现基于数字水网的水资源业务应用，将水资源业务进行业务化，通过图形化的业务组件和单向数据流将组件连接起来，建立水资源业务工作流，形成水资源业务服务。依据业务组件与数字水网可视化图元的映射关系，将业务组件与数字水网可视化图元形成对象组，将业务活动通过数字水网的可视化图元来描述，实现基于数字水网的水资源业务应用。

（1）组件定制功能。通过在水资源业务组件库进行组件检索，查看组件的输入输出条件，进行水资源业务组件定制。通过选择业务组件，进行组件的输入数据定制，或者选择"开放"，则该组件把前一个组件的输出作为本组件的输入，定制完成的组件以.info 文件的形式保存。

（2）组件组合搭建功能。组件定制好后，只需要将定制好的组件添加到绘制好的组件知识图中相应的结点下，通过知识结点间的数据传递即可进行应用系统运行，组件的添加以及系统运行流程如图 5-13 所示。

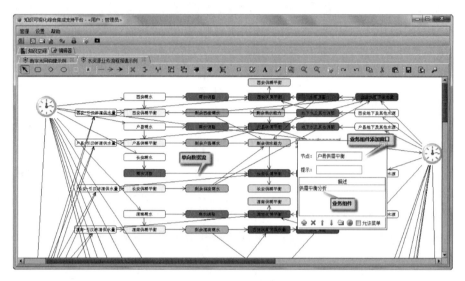

图 5-13　基于组件的业务流程构建

（3）数字水网与组件耦合应用功能。将构建好的数字水网和水资源业务应用流程依据两者间的映射关系，将数字水网结点和相应的业务流程结点形成对象组合，通过设置对象的可见状态，隐藏业务流程图层，通过单击数字水网结点实现基于数字水网的水资源业务应用，数字水网与组件耦合应用界面如图 5-14 所示。

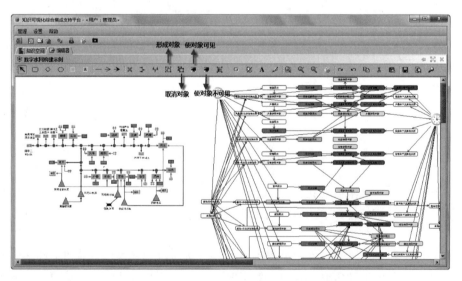

图 5-14　数字水网与组件耦合应用界面

第6章

水库多模型径流预测及区间化预测机制

水库径流预测是跨流域调水工程水源区水库调度的主要组成部分，水库调度都是基于入库径流预测的结果进行的，因此提高水库入库径流预测精度对提高水库调度水平具有重要意义。目前，使用单模型进行入库径流预测由于其精度低，稳定性差，已不能完全满足调水工程实际调度的要求。而采用多种模型进行预测时各个模型之间能够互补，预测的结果精度更高。本章针对引汉济渭工程三河口水库和黄金峡水库，采用多种模型对入库径流进行预测，同时针对径流预报的不确定性问题构建区间化预测机制；采用组件技术将预测模型组件化，构建组件库，基于综合服务平台，搭建黄金峡水库、三河口水库径流预测系统。

6.1 径流预测基本模型

多模型预测是采用多种模型对某一流域或者水库同时进行预测，其基础依然是单模型，因此有必要先对单模型进行研究。针对实际水库调度而言，按照时间尺度径流预测可被划分为长期、中期、短期、实时和洪水预报。

目前，比较常用的长期径流预测模型包括 BP 神经网络模型、灰色系统模型等；中期径流预测模型包括：自回归模型、SVR 模型等；短期径流预测模型包括正交多项式模型、时间序列模型等；实时预报模型包括萨克拉门托模型、新安江模型、水箱模型、陕北模型等。下面介绍几种常用的预测模型。

6.1.1 灰色系统模型

灰色系统模型就是通过少量的、不完整的信息，通过构建灰色预测模型，对研究事物的变化规律作出描述。在灰色系统模型中，应用最广泛的是 1 阶 1 变量模型，即 GM（1,1）模型。

假设某一灰变量 x 的原始数据列为 $x^{(0)}$，如 $x^{(0)}(2000)$，$x^{(0)}(2001)$，$x^{(0)}(2002)$，$x^{(0)}(2003)$，…，或 $x^{(0)}(1)$，$x^{(0)}(2)$，$x^{(0)}(3)$，$x^{(0)}(4)$，为从 2000 年起连续几年（期）的原始数据。

1. 累加生成

由原始数据列 $x^{(0)}(i)$ 经一次累加生成 $x^{(1)}(t)$ 序列，且 $x^{(1)}(t)=\sum_{i=1}^{t}x^{(0)}(i)$，例如：

$$x^{(0)}=\left[x^{(0)}(1),x^{(0)}(2),x^{(0)}(3),x^{(0)}(4),x^{(0)}(5)\right]=(1.2,1.3,1.4,1.5,1.6)$$

则：

$$
\begin{aligned}
x^{(1)}(1)&=x^{(0)}(1)=1.2\\
x^{(1)}(2)&=x^{(0)}(1)+x^{(0)}(2)=2.6\\
x^{(1)}(3)&=x^{(0)}(1)+x^{(0)}(2)+x^{(0)}(3)=3.9\\
x^{(1)}(4)&=x^{(0)}(1)+x^{(0)}(2)+x^{(0)}(3)+x^{(1)}(4)=5.4\\
x^{(0)}(2)&=x^{(0)}(1)+x^{(0)}(2)+x^{(0)}(3)+x^{(0)}(4)+x^{(0)}(5)=7.1
\end{aligned}
\tag{6-1}
$$

即 $x^{(1)}=\left[x^{(1)}(1),x^{(1)}(2),x^{(1)}(3),x^{(1)}(4),x^{(1)}(5)\right]=(1.2,2.5,3.9,5.4,7.0)$。显然有 $x^{(1)}(t)=x^{(1)}(t-1)+x^{(0)}(t)$，由此例可以看出，经一次累加后，$x^{(1)}$ 数列比 $x^{(0)}$ 数列的波动性弱化了许多。

2. 累加生成灰指数律

非负光滑数列 $x^{(0)}$ 累加后生成的新数列 $x^{(1)}$ 符合指数律。符合指数律是指 $x^{(1)}$ 数列，和某指数函数 $f(t)$ 的值非常接近：$x^{(1)}(t)\approx f(t)$。由于 $x^{(1)}$ 数列比 $x^{(0)}$ 数列波动小得多，它与某一指数函数的接近程度要强于 $x^{(0)}$ 的，而 $x^{(1)}$ 与 $x^{(0)}$ 之间的产生关系是非常准确的，不会产生误差，这是灰色系统预测的概念解释。因为指数函数的 e^x 非负，因此要求 $x^{(0)}$ 是非负的，若 $x^{(0)}$ 数列有负值，可以做如下变换：$X^{(0)}=x^{(0)}+A$（A 为足够大的正数），求得 $X^{(0)}$ 后，也就可以得出 $x^{(0)}$ 了。

3. 灰色系统预测

GM（1，1）预测模型为：$\dfrac{\mathrm{d}x^{(1)}(t)}{\mathrm{d}t}+ax^{(1)}(t)=b$，其中 a、b 为参数。从已知原始数据 $x^{(0)}=x^{(0)}(1)$，$x^{(0)}(2)$，…，$x^{(0)}(n)$ 出发，一次累加生成结果为：$x^{(1)}=x^{(1)}(1)$，$x^{(1)}(2)$，…$x^{(1)}(n)$。

取方程组 $x^{(1)}(t)-x^{(1)}(t-1)=-\dfrac{1}{2}a\left[x^{(1)}(t)+x^{(1)}(t-1)\right]+b=x^{(0)}(t)(t=2,3,4,\cdots,n)$ 引矩阵：

$$
B=\begin{bmatrix}
-\dfrac{1}{2}\left[x^{(1)}(1)+x^{(1)}(2)\right] & 1\\[2mm]
-\dfrac{1}{2}\left[x^{(1)}(2)+x^{(1)}(3)\right] & 1\\[2mm]
\vdots & \\[2mm]
-\dfrac{1}{2}\left[x^{(1)}(n-1)+x^{(1)}(n)\right] & 1
\end{bmatrix}
yN=\begin{bmatrix}
x^{(0)}(2)\\
x^{(0)}(3)\\
\vdots\\
x^{(0)}(n)
\end{bmatrix}
\tag{6-2}
$$

可把上述方程组认为 $B\begin{bmatrix}a\\b\end{bmatrix}=yN$，当 $|B^{\mathrm{T}}B|\neq0$ 求得 $\begin{bmatrix}a\\b\end{bmatrix}=\left[B^{\mathrm{T}}B\right]^{-1}B^{\mathrm{T}}yN$，从而得到微分方程的解为：$\hat{x}^{(1)}(t+1)=\left[x^{(0)}(1)-\dfrac{b}{a}\right]e^{-at}+\dfrac{b}{a}$。其中 a、b 为参数，a 为发展

系数，b 为灰投入量，通过 $\hat{x}^{(0)}(t)=\hat{x}^{(1)}(t-1)$ 进行预测。

6.1.2 正交多项式模型

正交多项式回归是一种有效的概率统计方法，常被用于进行中长期水文预报或水文情势分析，具有计算方便的特点，其原理如下所示。

多项式回归的一般表达式为

$$Y_i=a_0+a_1x_i+a_2x_i^2+a_3x_i^3+\cdots+a_mx_i^m+\varepsilon_i(i=1,2,\cdots,n) \tag{6-3}$$

式中：$\varepsilon_i(i=1,2,\cdots,n)$ 为相互独立于 $N(0,\sigma_2)$ 的随机变量；n 为数据列长度；m 为多项式次数；$x_1,x_2,\cdots,x_m$ 为距离相等的点；$Y_i(i=1,2,\cdots,n)$ 为其对应的值。

若假设 $x'_1=x_1,x'_2=x_2,\cdots,x'_m=x_m$，式（6-3）转变成三元线性回归模型，回归系数计算相对麻烦。如果选用另外 m 个多项式来代替 $x_1,x_2,\cdots,x_m$，则

$$\left.\begin{array}{l}P_0(x)=1\\[2mm]P_1(x)=x-\dfrac{n+1}{2}\\[2mm]P_2(x)=(x-\dfrac{n+1}{2})^2-\dfrac{n^2-1}{12}\\[2mm]P_3(x)=(x-\dfrac{n+1}{2})^3-(x-\dfrac{n^2-1}{12})\times\dfrac{3n^2-7}{20}\\[2mm]\vdots\qquad\qquad\vdots\qquad\qquad\vdots\\[2mm]P_{k=1}(x)=P_1(x)P_k(x)-\dfrac{k^2(n^2-k^2)}{4(4k^2-1)}P_{k-1}(x)\\[2mm](\text{其中}\ k=1,2,\cdots,n-1)\end{array}\right\} \tag{6-4}$$

把 y 和 x 之间的关系假定为

$$Y_i=b_0+b_1P_1(x_i)+b_2P_2(x_i)+b_3P_3(x_i)+\cdots+b_mP_m(x_i)+\varepsilon_i \tag{6-5}$$

容易验证

$$\left.\begin{array}{ll}\displaystyle\sum_{i=1}^n P_k(i)=0 & (k=1,2,\cdots,m-1)\\[4mm]\displaystyle\sum_{i=1}^n P_k(i)P_l(i)=0 & (k\neq l;k,l=1,2,\cdots,m-1)\end{array}\right\} \tag{6-6}$$

多项式（6-4）称为一组正交多项式，式（6-6）是这组多项式满足的正交性条件。

确定回归方程及系数，把 $i=1,2,\cdots,n$ 及 $Y_1,Y_2,Y_3,\cdots,Y_n$ 的值代入式（6-5）中，得

$$\left.\begin{array}{l}Y_1=b_0+b_1P_1(1)+b_2P_2(1)+b_3P_3(1)+\cdots+b_mP_m(1)+\varepsilon_1\\[2mm]Y_2=b_0+b_1P_1(2)+b_2P_2(2)+b_3P_3(2)+\cdots+b_mP_m(2)+\varepsilon_2\\[2mm]\vdots\qquad\vdots\qquad\vdots\qquad\vdots\qquad\vdots\qquad\vdots\qquad\vdots\\[2mm]Y_n=b_0+b_1P_1(n)+b_2P_2(n)+b_2P_3(n)+\cdots+b_mP_m(n)+\varepsilon_n\end{array}\right\} \tag{6-7}$$

在式（6-7）中各式相加，并利用正交条件，得

$$\hat{b}_0=\frac{1}{n}\sum_{i=1}^n Y_i \tag{6-8}$$

在式（6-8）各式两端分别乘上 $P_1(1), P_1(2), \cdots, P_1(n)$ 再相加，并利用正交性条件，得

$$\hat{b}_1 = \frac{1}{\sum\limits_{i=1}^{n} P_k^2(i)} \sum\limits_{i=1}^{n} P_k(i)Y_i \qquad (6-9)$$

同理算得

$$\hat{b}_k = \frac{1}{\sum\limits_{i=1}^{n} P_k^2(i)} \sum\limits_{i=1}^{n} P_k(i)Y_i \quad (k=1,2,\cdots,m-1) \qquad (6-10)$$

于是正交多项式回归方程为

$$\hat{Y}(x) = \hat{b}_0 + \hat{b}_1 P_1(x) + \hat{b}_2 P_2(x) + \hat{b}_3 P_3(x) + \cdots + \hat{b}_m P_m(x) \qquad (6-11)$$

6.1.3 人工神经网络模型

人工神经网络是由许多神经元广泛互连而成的网络系统，用以模拟人脑的行为，是一种模拟人类智能的方法和技术。神经元的连接方法多种多样，由此产生除了多种神经网络。如前馈型、反馈型、自组织型、经向基型。但就径流预测方面看，前馈型神经网络应用较多，尤其以多层前馈网络的误差反向传播（Back Proragation，BP）算法应用最为广泛。

目前 BP 神经网络模型中应用较广泛的是三层前缀神经网络模型，因此，本节介绍三层神经网络预报模型。三层 BP 神经网络拓扑结构如图 6-1 所示。

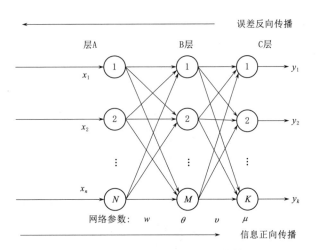

图 6-1　三层 BP 神经网络拓扑结构图

图中分三层结构，A 层表示输入层，B 层表示隐含层，C 层表示输出层。假设样本容量为 N 个，输入层节点数为 n 个，隐含层为 p 个，输出层为 m 个。A 层与 B 层之间的权值用 $W_i^j(i=1,2,\cdots,n;j=1,2,\cdots,P)$ 表示；B 层与 C 层之间的权值用 $V_i^j(i=1,2,\cdots,P;j=1,2,\cdots,m)$ 表示。B 层每个节点的阈值为 $b_i(i=1,2,\cdots,p)$，C 层的为 $c_i(i=1,2,\cdots,m)$。

BP 神经网络训练，一般可以分为两个过程，即输入信息的正向传播和误差的反向传

播。首先，学习样本的输入信息从输入层经隐含层到输出层，经过逐层处理计算得到网络的输出；然后计算网络输出于训练样本期望输出之间的误差，根据该误差确定网络权重的调整量，从后向前逐层修正神经元的连接权重，直至误差满足一定的要求。BP 算法的主要步骤如下。

（1）W_i^j、V_i^j、b_i、c_i 在－1 到 1 之间取随机数。

（2）计算隐含层（B 层）各节点的值 B_i^k：

$$B_i^k = f\left(\sum_{j=1}^n W_i^j X_j^k + b_i\right) \qquad (i=1,2,\cdots,p) \qquad (6-12)$$

式中：X_j^k 为 A 层第 j 个节点的输入值。

（3）计算输出层（C 层）各节点的值 Y_j^k：

$$Y_i^k = f\left(\sum_{i=1}^p V_i^j B_i^k\right) \qquad (j=1,2,\cdots,m) \qquad (6-13)$$

（4）计算 C 层的误差 E_j^k：

$$E_j^k = Y_j^k(1-Y_j^k)(T_j^k - Y_j^k) \qquad (j=1,2,\cdots,m) \qquad (6-14)$$

$$E_j = \sum_{k=1}^N E_j^k \qquad (6-15)$$

式中：E_j 为样本在 C 层第 j 个节点的误差总和；E_j^k 为第 k 个样本在 C 层第 j 个节点的误差值；T_j^k 为输入层第 j 个节点的期望值；N 为样本总长。

（5）计算隐含层中各单元与 E_j^k 的误差：

$$\phi_i^k = B_i^k(1-B_i^k)\sum_{j=1}^m V_i^j E_j^k \qquad (i=1,2,\cdots,p) \qquad (6-16)$$

（6）计算隐含层与输出层的权重：

$$\Delta_k V_i^j = a B_i^k E_j^k \qquad (i=1,2,\cdots,p;j=1,2,\cdots,m) \qquad (6-17)$$

$$\Delta V_i^j = \sum_{k=1}^N \Delta_k V_i^j \qquad (6-18)$$

$$V_i^j(t+1) = V_i^j(t) + \Delta V_i^j \qquad (6-19)$$

式中：t 为迭代次数。

（7）计算输出层的阈值：

$$\Delta_k c_j = a E_j^k \qquad (j=1,2,\cdots,m) \qquad (6-20)$$

$$\Delta c_j = \sum_{k=1}^N \Delta_k c_j \qquad (6-21)$$

$$c_j(t+1) = c_j(t) + \Delta c_j \qquad (6-22)$$

（8）计算输入层与隐含层之间的权重：

$$\Delta_k W_j^i = a X_i^k \psi_i^k \qquad (i=1,2,\cdots,n;j=1,2,\cdots,p) \qquad (6-23)$$

$$\Delta W_j^i = \sum_{k=1}^N \Delta_k W_j^i \qquad (6-24)$$

$$W_i^j(t+1) = W_i^j(t) + \Delta W_j^i \qquad (6-25)$$

（9）计算隐含层的阈值：

$$\Delta_k b_i = a \phi_i^k \qquad (i=1,2,\cdots,p) \qquad (6-26)$$

$$\Delta b_i = \sum_{k=1}^{N} \Delta_k b_i \tag{6-27}$$

$$b_i(t+1) = b_i(y) + \Delta b_i \tag{6-28}$$

（10）若误差 $E < \varepsilon$，停止训练，否则转到第（2）步。

6.2 径流预测模型组件库

将径流预测常用模型方法采用组件技术封装成相互独立的组件，建立径流预测模型组件库，搭建径流预测系统时只需要在库中"取"，方便了系统的集成应用。径流预测模型组件库见表 6-1。

表 6-1   径流预测模型组件库

序　号	组　件　名	序　号	组　件　名
1	灰色系统模型	8	萨克拉门托模型
2	正交多项式模型	9	水箱模型
3	神经网络模型	10	陕北模型
4	自回归模型	11	小波-人工神经网络模型
5	正交多项式模型	12	预报方案优选模型
6	时间序列模型	13	时间定制模型
7	新安江模型	14	预报优选指标评价模型

6.3 多模型组合径流预测

6.3.1 组合径流预测的基本思想

水库径流预测的模型方法很多，不同的预测模型方法都有其优点和缺点。在进行水库径流预测时，若因为采用了某一种预测模型而导致预测结果偏差较大就舍弃该模型，就可能错失部分有用信息。如果单纯地采用一种模型进行预测，预测模型的选择就至关重要，若其选择不当，就会因为决策失误而造成不可预量的风险。但是，在进行预测的过程中，如果将多个模型的预测结果采用正确的方法有机结合起来，那么不同的模型之间会起到相互补充的作用，则最终的预测结果就不会对某个较差的预测结果太敏感。因此，就形成了现在的组合预测方法。

组合预测方法是当前预测科学研究中最热门的课题之一。组合预测在国外称为 Combination Forecasting 或 Combined Forecasting，在国内也称为综合预测等。

根据组合预测理论可知，对同一预测问题采用多种预测模型，由于每种预测模型包括的信息不同，经过组合而得到的预测结果往往能够得到更好的预测效果。针对现有多模型组合径流预测中组合方法单一且精度不高等问题，将信息融合技术应用到多模型组合洪水预报中，建立基于信息融合技术的多模型组合径流预测数据融合算法，实现多模型预测数据的有效融合。

多模型组合预报模式的基本思路和流程如图 6-2 所示。首先对影响径流预测结果的因素进行提取，建立数据融合的特征属性，研究并建立多模型洪水预报的数据级融合算法，进行预报结果的组合，得到组合后的新的预报结果。

6.3.2 多模型组合方法

从前文的分析可知不同的模型方法在预报能力上具有一定的互补性，基于此，本节提出加权平均法对多个模型的预报结果进行组合分析。权重的分配应当首先考虑预报精度，其次是预报的稳定性，基于预报结果的组合模型建模过程如下。

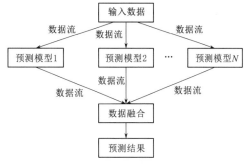

图 6-2　多模型组合径流预测基本思路

（1）权重的确定。模型主要从预报精度和预报稳定性考虑，稳定性主要体现在整体的波动性和波动的幅度两方面。而波动幅度通过最大与最小误差的差得到，计算公式如下：

$$E_b = D_{\max} - D_{\min} \tag{6-29}$$

式中：E_b 为波动幅度；$D_{\max}$ 为最大相对误差；$D_{\min}$ 最小相对误差。

整体波动性体现多种预报模型预报结果的相对变化情况，波动性越小越好。计算公式如下：

$$E_z = \frac{\sum\limits_{i=1}^{n-1}\sum\limits_{j=i+1}^{n}\sqrt{\mid D_i - D_j \mid}}{\sum\limits_{i=1}^{n} i} \times 100 \tag{6-30}$$

式中：E_z 为整体波动幅度；D_i、D_j 为预测的第 i、j 个月的相对误差；n 为样本数量。

采用相对误差的均方根来计算预报精度，计算公式如下：

$$E_j = \sqrt{\frac{1}{n}\sum_{i=1}^{n} D_i^2} \tag{6-31}$$

组合模型首先需确保预报结果的精度不下降，其次要保证预报的稳定性变化不大。在稳定性中首先是整体的波动性，然后是波动的幅度大小。基于此，设共有 m 个预报模型，采用如下方法计算第 I 个模型的权重：

$$W_I = \frac{1 - 0.5 \times \dfrac{E_{jI}}{\sum\limits_{k=1}^{m} E_{jk}} + 0.3 \times \dfrac{E_{zI}}{\sum\limits_{k=1}^{m} E_{zk}} - 0.2 \times \dfrac{E_{bI}}{\sum\limits_{k=1}^{m} E_{bk}}}{m-1} \tag{6-32}$$

（2）通过预报精度和稳定性确定的权重，不仅计算的加权平均值与实测值更接近，而且预报的误差也更稳定。因此，采用最小二乘法构建组合预测模型。设 p 为多个模型的组合预报结果，则有

$$p = a' + b'\sum_{k=1}^{m} W_k a_k \tag{6-33}$$

式中：a'、b' 为任意实数；a_k 为各模型预报结果。

在实际中，组合预测还有一种方法，即预测模型的组合，即将两种模型通过算法融合形成一个模型进行预测。

6.3.3 基于预测模型的组合

基于预测模型的组合是将多个预测模型组合后再进行预测，通过该方法建立的模型能将不同预测模型的优点放大，缺点弱化，预测精度更高。目前在中长期水文预报中常用的组合模型有：灰色-神经网络模型、逐步回归-投影寻踪模型、灰色-周期外延模型等，本节基于人工神经网络模型，结合小波分析方法，重点对小波-人工神经网络耦合模型进行研究。

1. 小波分析基本原理

Morlet 于 20 世纪 80 年代首先提出了小波分析方法，该方法主要用于分析非稳定时间序列的变化规律特征。水文时间序列由于存在不同的特征而表现出一定的非平稳性，因此小波方法非常适应于水文时间序列的分析。

（1）小波变换。设母小波 $\psi(t)$ 为一可积函数，若 Fourier 变换能够满足小波函数所要求的可容许条件，则对于任意函数 $f(t) \in L^2(R)$，采用如下公式进行连续小波变换：

$$W_f(a,b) = |a|^{-1/2} \int_R f(t) \psi^* \left(\frac{t-b}{a} \right) \mathrm{d}t \tag{6-34}$$

式中：$W_f(a,b)$ 为小波变换系数；$|a|^{-1/2} \psi^* \left(\dfrac{t-b}{a} \right)$ 为 $\psi(t)$ 平移后的函数；$\psi^* \dfrac{t-b}{a}$ 为 $\psi \left(\dfrac{t-b}{a} \right)$ 的复共轭，其中 a 为尺度参数，b 为时间参数。

实际中水文序列往往是离散的，则其小波变化公式为

$$W_f(a,b) = |a|^{-1/2} \sum_{k=1}^{N} f(k\Delta t) \bar{\psi} \left(\frac{k\Delta t - b}{a} \right) \tag{6-35}$$

（2）小波方差。首先对所有尺度 a 的小波系数平方计算，然后对其进行积分，即可求得小波方差：

$$Var(a) = \int_{-\infty}^{+\infty} |W_f(a,b)|^2 \mathrm{d}b \tag{6-36}$$

2. 小波-人工神经网络耦合模型

小波-人工神经网络耦合模型是首先是采用小波变换算法分解径流序列，然后将分解后的成果作为人工神经网络模型的输入，其输出为对应年平均流量，最后通过人工神经网络的优化得到预测结果。小波变化的操作如下：

多孔算法（A Trous）是小波变化最常使用的方法，设水文时间序列 $\{Q(t), t=1, 2, \cdots, n\}$，$C_0(t) = Q(t)$。原理如下：

$$C_i(t) = \sum_{k=-\infty}^{+\infty} h(k) C_{i-1}(t+2^i k) \qquad (i=1,2,\cdots) \tag{6-37}$$

$$W_i(t) = C_{i-1}(t) - C_i(t) \qquad (i=1,2,\cdots) \tag{6-38}$$

式中：$h(k)$ 为滤波器；$k=1,2,\cdots,P$；P 为小波变换尺度，一般取 n 的自然对数。序列 $\{W_1, W_2, \cdots, W_p, C_p\}$ 为尺度 P 下的小波变换结果。

小波-人工神经网络组合模型预测建模步骤如下：

（1）采用小波变换算法分解年平均流量 $\{Q(t)\}$，得到序列 $\{W_1(t), W_2(t), \cdots, C_p(t)\}$。

（2）小波变换系数的个数为人工神经网络模型的输入层，然后对隐含层个数、学习系数及动量系数实行编码操作，筛选出最后若干年径流预测相对误差的绝对值最小的作为主目标函数，选择拟合阶段预测相对误差绝对值最小作为次目标，最后采用遗传变异操作得到最优值。

（3）其他过程与前文介绍的人工神经网络模型建模过程一致。

6.4　径流区间化预测

水库径流预报是水库调度中不可缺少的一部分，径流预报的精度高低直接决定着实际调度效果的优劣。在实际工作中，单纯地使用一种模型开展预报，预报成果存在误差导致使用时有一定风险，决策者也没有决策空间。综合考虑多方面动态变化因素、数据不全也可能不精准的现实，把预报的精准"度"量化转移为可行的区间，用"大概近似正确"理论来克服现实的复杂性难题，用相对近似表达适应。

6.4.1　径流预报区间化研究思路

2019 年 7 月，水利部发布了《智慧水利总体方案》，方案中强调了智慧水利的建设发展离不开云计算、大数据与人工智能等新兴技术的支撑。水库预报调度作为水资源管理中的核心业务，必然离不开大数据、人工智能的支撑。大数据在支撑着预报调度，预报调度就是大数据的价值化体现。面对现实，能够获取的大数据更多是大量的大概数据，数据质量不高、更没有特征性的分析标注，"大数据"需要逐步深入，需要尽快发挥作用。早在1927 年，德国物理学家沃纳·卡尔·海森堡就提出了"测不准原理"，表明实际存在的误差不可避免。水库调度涉及的自然和经济社会更是这样，有数据失真、不一致的问题。由此，1984 年 Leslie Valiant 提出了 "Probably Approximately Correct（PAC）"，即"大概近似正确"理论，并在 2013 年出版了专著 *Probably Approximately Correct*。目前看来，水库调度不可能是完善的，只能是"大概近似正确"的。调度过程中一定要面对：偶然性、罕见性、理论近似性、算法不完备性、数据信息的近似正确性等错误源。追求足够接近真实情况，适当可用，比准确量化更实用。正如 Blaise Cronin 说的："在实践中，近似的测度（而不是完善的测度）就足够了，且只能如此"。在水库预报调度的业务中，一个确定的量化值没有一个区间近似好用，区间化能够提高适应性。把区间化作为预报调度中的规制很有实用意义。根据大数据（直接或间接信息），对多预报成果，集成应用。采用多模型组合、综合方式，多个预报成果就能够形成成果区间，针对初步划分的区间，发挥经验和信息作用，逐步细化分区及区间边界，分区边界也是变化的、不需要精准，也不同于"临界调控"的做法。

遵循大概近似正确理论，对径流预报成果不强求单一精准定量，而是采用区间化的近似策略。从预报模型方法组件库中，按照一定的规制选用不同模型方法，对多种模型预报成果组合、综合，针对调度周期及过程，划分多个阶段、划定多预报成果的结果区间；再根据经验和数据信息的掌握程度，逐步调整区间边界；区间化的预报成果区域就是决策者的可行决策空间，初期采用人机交互在区间内方便决策，更好地适应和更有利于决策服务。

区间之间边界是区间划分的关键，如果边界固定了，不能变就没有适应性了，边界的处理是区间化机制的关键。对初始边界的调整就是边界的动态管理：一方面人可以参与，二要考虑对当下自然的适应性，三要有有效的手段。

本节基于 3.2 节建立的预报模型方法库，针对不同时间尺度及不同的调度时段，选择合适的多个模型进行组合、综合预报，这样就会得到多个预报结果，建立预报成果区间，从而给决策者留下决策空间，更有利于决策者结合自身经验更好地实现决策。径流预报成果区间化实现流程如图 6-3 所示。

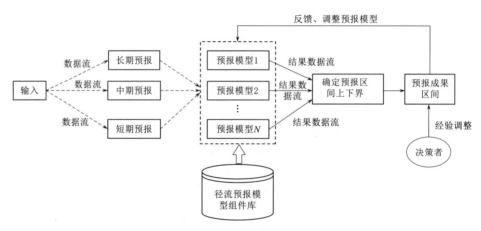

图 6-3　基于多模型组合预报的成果区间化实现流程图

6.4.2　径流预报区间化表述

本次以中长期预报为例，进行预报区间的推求。在组件库中选择 N 个中长期水文预报模型，模型的一般形式表示为

$$Y'_i = f_i(X) \tag{6-39}$$

式中：X 表示建模需要的样本数据；$f_i(X)$ 表示第 i 个预报模型；Y'_i 表示为预报结果。

选择 $\{X \mid X_0, X_1, \cdots, X_t\}$ 作为样本数据，利用第 i 个预报模型计算中长期预报，$Y'_{(i,t)}$ 第 i 个预报模型第 t 时段的预测值。

通过 N 个预报模型区间最小值为

$$Y_{\min} = \{\min(Y'_{(1,0)}, Y'_{(2,0)}), \cdots, Y'_{(N,0)}, \min(Y'_{(1,1)}, Y'_{(2,1)}, \cdots, Y'_{(N,1)}), \cdots,$$
$$\min(Y'_{(1,t)}, Y'_{(2,t)}, \cdots, Y'_{(N,t)})\} \tag{6-40}$$

区间最大值为

$$Y_{\max} = \{\max(Y'_{(1,0)}, Y'_{(2,0)}), \cdots, Y'_{(N,0)}, \max(Y'_{(1,1)}, Y'_{(2,1)}, \cdots, Y'_{(N,1)}), \cdots,$$
$$\max(Y'_{(1,t)}, Y'_{(2,t)}, \cdots, Y'_{(N,t)})\} \tag{6-41}$$

预报成果区间表示为

$$\{[Y_{\min,0}, Y_{\max,0}], [Y_{\min,1}, Y_{\max,1}], \cdots, [Y_{\min,t}, Y_{\max,t}]\} \tag{6-42}$$

式中：$Y_{min,t}$ 表示第 t 时间段预测值的区间最小值；$Y_{max,t}$ 表示第 t 时间段预测值的区间最大值。

预报区间是个可变的区间，根据预测模型、模型精度、以及外界条件的变化而变化。然后决策者参与其中，结合自身经验，通过人机交互对边界进行调整。模型方法库中模型越丰富，预报区间涵盖近乎实际值的可能性越大，符合大概近似理论的定义。

6.5 多模型多尺度径流预测集成应用

基于综合服务平台，采用组件技术，可视化的搭建引汉济渭工程多模型多尺度水库径流预测系统，运用此方式搭建预测系统具有很强的扩展性，例如决策者对现有预测系统不满意，需要更换或者增加预测模型，那么只需要在组件库中调取合适的预测模型组件，然后对系统中不满意的模型进行更换或者将新定制的预测模型组件添加到系统中即可，从而实现系统的更新。

以引汉济渭工程为研究对象，搭建的多模型多尺度水库径流预测系统按主题可划分为黄金峡水库径流预测、三河口水库径流预测及黑河金盆水库径流预测。由于不同主题下的应用模式及业务功能相同，以黄金峡水库为例进行应用说明。如图 6-4 所示为搭建的黄金峡水库径流预测系统。

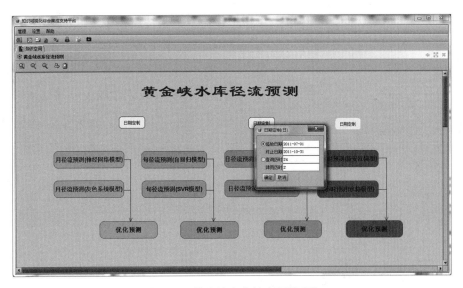

图 6-4 黄金峡水库径流预测系统

如图 6-4 所示，每种时间尺度都采用两种预测模型，长期预测采用神经网络模型和灰色系统模型，中期预测采用自回归模型和 SVR 模型，短期预测采用正交多项式模型和时间序列模型，实时预报采用新安江模型和水箱模型。各时间尺度不同模型的预报结果如图 6-5 所示。

每种时间尺度得到多种模型的预测结果后，然后采用预报结果组合的方法计算出水库不同时间尺度的最终的预报结果，同时将不同时间尺度下多个模型的预测结果最大值和最小值作为区间上下界，形成预测成果区间，增加了决策空间。预测结果如图 6-6 所示。

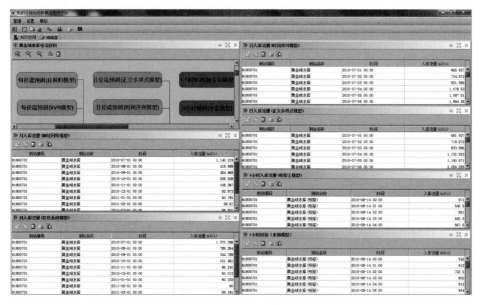

图 6-5　各时间尺度不同模型的预报结果

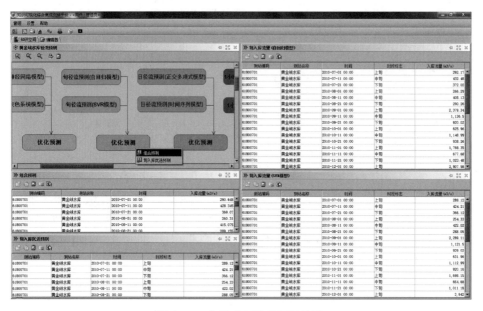

图 6-6　多模型多尺度预报结果

第7章

多水源多尺度嵌套滚动修正调度

跨流域调水工程的水源有可能是单个水库也有可能是多个水库，单个水源的调水工程调度问题相对比较容易，多个水源由于要考虑各水源之间的协调关系，同时还有外界的一些不确定性因素影响，因此多水源的联合调度问题处理相对复杂。多水源的联合调度也是一个多时间尺度的调度，如何实现不同时间尺度的嵌套及滚动调度也是一大难题。而传统的调度大多是设定情景，采用固定的模型方法进行调度，同时以年调度、月调度等计划调度为主，最终的调度方案难以指导调水工程的实际应用。因此，本章针对引汉济渭工程，在水库水量调配规则的基础上，构建了基于调度规则的多水源联合调度系统，同时针对多时间尺度调度问题，提出了多时间尺度嵌套、滚动修正的水库调度方法。

7.1 水库优化调度基础模型

跨流域调水工程中的水库往往以供水任务为主，但同时也要承担发电、防洪、航运等其他任务，不同的需求就导致调度的模型不同。水库群调度的模型很多，本节主要介绍调水工程中常用的两种模型：一种是单目标模型，以水库群供水量最大为目标建立的调度模型；另一种是多目标模型，考虑引水和发电任务，以调水量最大和发电量最大为目标建立调度模型。

7.1.1 单目标调度模型

以供水量最大为目标建立单目标调度模型，具体模型表达式如下：

1. 目标函数

在满足各水库防洪、航运等条件的约束下，水库群作为一个整体联合调度运行。以水库群总供水量最大为目标建立调度模型，其函数表达式为

$$Z = \max \sum_{t=1}^{T} \left(\sum_{i=1}^{4} R_{k,i,t} \right) \tag{7-1}$$

式中：Z 为水库年总供水量，亿 m^3；$R_{i,t}$ 为第 k 个水库在时段 t 第 i 项的供水量，亿 m^3，其中，$i = 1, 2, 3, 4$，分别代表工业、农业、生活、生态；若时段供水总量不足，则按

照农业、工业、生态、生活的顺序限制供水；T 为计算时段总数；n 为用户个数。

2. 约束条件

以供水量最大的水库群联合调度约束条件主要包括库容约束、水量平衡约束、输水管道或渠道约束、水位约束及非负约束。

(1) 库容约束：

$$V_{t,\min} \leqslant V_t \leqslant V_{t,\max} \qquad (7-2)$$

式中：$V_{t,\min}$ 为水库第 t 时段所允许的最小库容 m^3；V_t 为水库第 t 时段水库库容，m^3；$V_{t,\max}$ 为水库第 t 时段所允许的最大库容，m^3；

(2) 水量平衡约束：

$$V_{t+1} = V_t + (q_t - Q_t - S_t)\Delta t \qquad (7-3)$$

式中：Δt 为时段长；q_t 为水库入库流量，m^3/s；V_{t+1} 为水库时段末的蓄水量，m^3；V_t 为水库时段初的蓄水量，m^3；S_t 为水库的弃水流量，m^3/s。

(3) 输水管道（渠道）约束：

$$Q_{S(1,t)} + Q_{S(2,t)} + \cdots + Q_{S(m,t)} \leqslant Q_{SX} \qquad (7-4)$$

式中：$Q_{S(m,t)}$ 为第 m 个水库 t 时段的引水流量；Q_{SX} 为输水管道或渠道的设计流量。多水源工程引水汇流时，其引水流量之和不得超过输水管道的设计流量。

(4) 水位约束：

$$Z_{t,\min} \leqslant Z_t \leqslant Z_{t,\max} \qquad (7-5)$$

式中：$Z_{t,\max}$ 为水库 t 时刻的最高水位；$Z_{t,\min}$ 为水库死水位。

(5) 非负约束：上述各变量非负。

7.1.2 多目标调度模型

为了合理有效地利用水库蓄存的水量，多目标优化模型需要同时考虑引水和发电任务。以调水量最大和发电量最大为目标建立调度模型，具体模型表达式如下：

1. 目标函数

(1) 以调水量最大为目标：

$$\text{Max } f_1 = \max \sum_t^T Q_{wd}(t)\Delta T(t) \qquad (7-6)$$

式中：$Q_{wd}(t)$ 为水库 t 时段的调水流量；$\Delta T(t)$ 为水库 t 时段；t 为水库调水周期的开始；T 为一年内水库调水的次数。

(2) 以发电量最大为目标：

$$\text{Max } f_2 = \max \sum_t^T K Q_{fd}(t)H(t)\Delta T(t) \qquad (7-7)$$

式中：K 为功率系数；$Q_{fd}(t)$ 为水库 t 时段的通过涡轮机的发电流量；$H(t)$ 为水库 t 时段的水力发电厂的水头。

2. 约束条件

(1) 水量平衡约束：

$$V(t+1) = V(t) + [I(t) - Q_{wd}(t) - Q_{fd}(t) - S(t)]\Delta T(t), \forall t \in T \qquad (7-8)$$

式中：$V(t+1)$、$V(t)$ 分别为水库运行期内的时段末和时段初的蓄水量；$I(t)$ 为每个时

段 $\Delta T(t)$ 内的入库流量；$S(t)$ 为每个时段 $\Delta T(t)$ 内水库的损失水量。

（2）水库蓄水约束：

$$V_{\min}(t) \leqslant V(t) \leqslant V_{\max}(t), \forall t \in T \tag{7-9}$$

式中：$V_{\min}(t)$、$V_{\max}(t)$ 分别为每个时段水库允许蓄存的最小和最大库容；$V_{\min}(t)$ 为死水位对应的库容；$V_{\max}(t)$ 为指洪水期内防洪限制水位对应的库容，在之后的时段内，最大库容 $V_{\max}(t)$ 等于水库的可用库容。

（3）出力约束：

$$N_{\min} \leqslant N(t) \leqslant N_{\max}, \forall t \in T \tag{7-10}$$

式中：$N_{\min}$、$N_{\max}$ 分别为水电站出力的最小值和最大值。

（4）下泄流量约束：

$$Q_{\min} \leqslant Q_{fd}(t) \leqslant Q_{\max}, \forall t \in T \tag{7-11}$$

式中：$Q_{\min}$、$Q_{\max}$ 分别为发电机组（涡轮机）允许的最小和最大过水流量。

（5）泵站设计流量约束：

$$Q_{wd}(t) \leqslant Q_{\text{design}}, \forall t \in T \tag{7-12}$$

式中：Q_{design} 为泵站的设计流量。

（6）非负约束：以上所有的值都非负。

7.2 水库调度模型求解算法

水库调度的基础算法很多，例如动态规划算法、遗传算法、粒子群算法等。目前，智能算法已被广泛应用于求解水库（群）优化调度问题中。本节介绍一种方向自学习遗传算法用于求解水库单目标问题，同时提出量子多目标粒子群算法用于求解水库多目标调度问题。

7.2.1 单目标求解算法

水库一般都是"一库多用"的，它有很多调度目标，包括供水、发电、防洪、生态、航运等，选择哪些调度目标是根据实际调度需求，甚至是决策者的喜好而定。水库优化调度可用于制定、分析和解决水资源规划和管理中的问题。求解单目标的方法国内外学者做了大量的研究，目前有很多，有动态规划、逐步优化、遗传算法、粒子群算法、免疫科隆算法等，还有很多改进的算法，这些算法都可以获得优化调度结果，结果的好坏，取决于算法的性能。下面介绍单目标求解算法中的方向自学习遗传算法。

方向自学习遗传算法是将方向自学习机制引入传统的遗传算法中，用于解决传统算法易于早熟收敛、收敛速度慢等问题。该算法通过引入自学习算子提高局部搜索能力，增加消亡算子提高种群的多样性，能够提高算法的收敛速度，避免陷入早熟以及维数灾问题。

设 $x(t)$ 是第 t 代种群中的个体，$cbest(t)$ 是 $x(t)$ 中的最优个体，$best$ 是 $x(1)$，$x(2)$，…，$x(t)$ 中的最优个体，用于求解水库调度问题的方向自学习遗传算法具体计算步骤如下：

步骤 1：确定种群规模 N，进化代数 gen，交叉概率 p_c，变异概率 p_m，占据策略选择概率 p_0，搜索半径 $sradius$，小种群规模 sL_{size}，小种群学习最大迭代次数 $sgen$ 和消亡

概率 $T\%$。

步骤2：把每个时段的水库水位允许区间划分为 m 等份，并随机生成初始群体。

步骤3：计算每个个体的适应度，种群更新迭代后得到的 $best$，令 $t\leftarrow1$。

步骤4：对 $x(t)$ 进行选择、交叉及变异操作，按照适应度从小到大对种群个体进行排序。

步骤5：选择种群中适应度较差的个体，对其进行消亡操作，计算当代种群中的 $cbest(t)$。

步骤6：在最优个体 $cbest$（t）上使用自学习算子进行更新操作。

步骤7：如果个体 $cbest$（t）的适应度 $fit[cbest(t)]>fit(best)$，则令 $best\leftarrow cbest(t)$，否则令 $cbest(t)\leftarrow best$。

步骤8：判断是否满足终止条件。若满足条件，则迭代结束，输出最优个体即最优解 $best$；否则，令 $t\leftarrow t+1$，以新一代群体作为母体，转入步骤4继续迭代。

7.2.2　多目标求解算法

通常，水库可用于灌溉、市政、工业供水、水力发电，防洪和其他用途。单纯以供水或发电为单一目标运行已不能满足实际需要。因此，同时满足多目标需求来实现水利工程综合效益的最大化越来越重要[216]。由于多目标之间具有冲突，多目标水库的运行管理是很复杂的[217]。多目标优化调度问题的目标是在一定的约束条件下通过确定水库在整个运行期内的最优下泄水量以最大限度地发挥效益[218]。目前，多目标优化算法可归纳为三类：帕累托支配算法，如非支配排序遗传算法Ⅱ（NSGA-Ⅱ）[219] 和强度帕累托进化算法Ⅱ（SPEA2）[220]；基于指标的优化算法，如 IBEA[221]；基于分解的优化算法，如基于分解的多目标优化算法（MOEA/D）[222]。

本节提出 MOEA/D-AWA 算法，并将其应用到水库多目标优化调度上，此算法是首次应用到该领域，本节对其从不同角度验证了算法的性能。MOEA/D-AWA 算法是基于 MOEA/D 算法为的基本框架，MOEA/D-AWA 算法提出了一种新的权向量初始化方法和自适应权向量调整策略，对权重进行周期性调整，自适应地重新分配子问题的权重，以获得更好的均匀性的解，采用此算法可以求解多目标优化问题。

7.2.2.1　算法简介

MOEA/D-AWA 算法提出了一种新的权向量初始化方法和自适应权向量调整策略。对权重进行周期性调整[223]，自适应地重新分配子问题的权重，以获得更好的均匀性的解。采用 MOEA/D-AWA 算法解决多目标优化调度问题，是为了获得多目标下的 Pareto front 曲线均匀分布的最优解集。MOEA/D-AWA 具有与 MOEA/D 相同的框架，但MOEA/D-AWA 算法具有新的权向量初始化方法和自适应权重向量调整（AWA）策略，因而比 MOEA/D 算法更优越。其中新的权向量初始化方法是基于 Chebyshev 分解方法的几何分析，自适应权向量调整（AWA）策略是处理复杂 Pareto 的多目标优化问题[222]。

MOEA/D-AWA 算法的简化流程图如图7-1所示。在初始化阶段，输入数据、参数、研究问题。利用模拟二元交叉算子（SBX）、多项式变异算子、自适应权重调整等步骤，得到满足终止条件的最优解。其中迭代次数用 gen 表示，外部种群被称为 EP，进化的种群被称为 $evol\_pop$，自适应权重向量调整策略用 wag 表示。

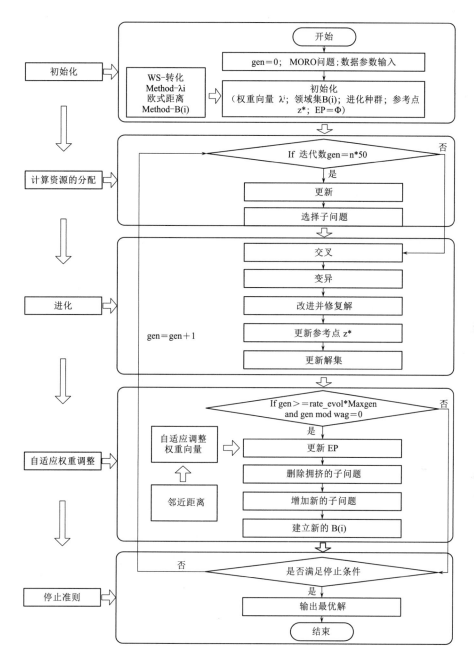

图 7-1 MOEA/D-AWA 的简化流程图

基于 MOEA/D-AWA 的基本思想和步骤,将 MOEA/D-AWA 算法应用于多目标优化调度(MORO)问题。将多目标优化调度问题的目标函数和约束条件加入算法中,建立多目标优化调度模型作为评价函数。种群大小为 N,最大迭代时间 $Maxgen$ 为 800,运算周期为 12 个月。将水位作为决策变量,并且在水位的允许范围内(水位的上限和下限)随机生成 N 个个体。在一定的约束条件下,根据目标函数评价解决方案的质量。经过一系列步骤，主要包括资源的分配、演化和自适应权重调整，不断更新解决方案，如此重复，直到满足条件就停止迭代。MOEA/D-AWA 的迭代步骤如下所示。

算法：MOEA/D-AWA

输入：多目标优化问题，决策变量（水位）的上下限，最大迭代次数 $Maxgen$，种群数 N，邻域数 T，交叉概率 p_c，变异概率 p_m。

输出：$\{x^1, \cdots, x^N\}$ 和 $\{FV^1, \cdots, FV^N\}$ ←最终的水位和目标最优解集。

Step1：**初始化**

1.1 $\{\lambda^1, \cdots, \lambda^N\}$ ←权重向量初始化；$B(i) = \{i_1, \cdots, i_T\}$ 第 i 个子问题的邻域集，$\lambda_1^i, \cdots, \lambda_T^i$ 指 T 个最近的权重向量；

1.2 $\{x^1, \cdots, x^N\}$ ←随机初始种群（N），水位；

1.3 $\{FV^1, \cdots, FV^N\}$ ←$FV^i = F(x^i)$，初始化 $evol\_pop$，评价（多目标优化问题）；

1.4 $z^* = (z_1^*, \cdots, z_m^*)^T$ ← $z_i^* = \min\{f_i(x^1), \cdots, f_i(x^N)\} - 10^{-7}$，参考点；

1.5 设定 $\pi^i = 1$，$gen = 0$，$EP = \Phi$。

Step2：**计算资源分配**

2.1 更新通用函数 $\pi^1, \pi^2, \cdots, \pi^N$；

2.2 根据通用函数选择子问题，选择 m 个子问题的索引，再根据 π^i，利用 10-锦标赛选择法选择其他的 $\left[\dfrac{N}{5}\right] - m$ 索引，把他们增加到 I 中。

Step3：**进化**

For each $i \in I$, do：

3.1 $\{indices\ r_1,\ indices\ r_2,\ indices\ r_3\}$ ←选择（$B(i)$）；

3.2 y←遗传操作（r_1, r_2, r_3）；

3.3 修复 y；

3.4 更新参考 z←根据 z_j^* 比较 $f_i(y)$；

3.5 更新解集←比较 $g(y \mid \lambda^j, z^*) \leqslant g(x^j \mid \lambda^j, z^*)$。

Step4：**适应性权重调整**

If $gen \geqslant rate\_evol * Maxgen$ 和 $gen \bmod wag = 0$，适应性调整权重向量如下：

4.1 更新外部种群 EP；

4.2 删除拥挤子问题；

4.3 增加新的子问题到稀疏区域；

4.4 建立新的 $B(i)$；

else go to Step 6-

Step5：**停止准则**

If 停止条件满足了，停止；else 设定 $gen = gen + 1$，进行到 Step2。

7.2.2.2 实例验证

以引汉济渭工程中的黄金峡水库为研究对象。黄金峡水库、三河口水库水质优良，黄金峡泵站从黄金峡水库抽水，进入 16.48km 长的黄三隧洞、81.78km 的越岭段隧洞，可以自流到达受水地区的黄池沟[224]，并且可以确保调入的水质不被污染。黄金峡水库的位置如图 7-2 所示。

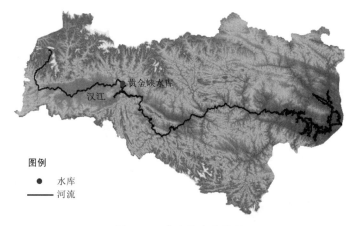

图 7-2 黄金峡水库位置

黄金峡水利枢纽位于汉江干流，是一个多目标水库，主要承担供水、发电、防洪和航运任务。该水库通过泵站直接从水库提水，水库的调度期是 7 月至次年 6 月。在汛期来临之前水库水位会控制在防洪限制水位以下，否则水库蓄水至正常蓄水位，水位将在次年的六月底降至死水位。

黄金峡水库水量调配以月为单位，调度期为 7 月至次年 6 月。引入 MOEAD-AWA 算法来解决以调水量最大和发电量最大为目标建立的调度模型。优化问题包括 13 个决策变量，分别是 12 个时段的 13 个水位值，包括起始水位和终止水位。将 MOEAD-AWA 算法得到的结果与其他两个多目标进化算法 MOEA/D 和 NSGA-Ⅱ 进行比较。

MOEA/D-AWA、MOEA/D 和 NSGA-Ⅱ 都使用模拟二元交叉算子和多项式变异。经过多次实验和比较，采用以下参数：三种比较算法的种群大小为 100，MOEA/D-AWA 和 MOEA/D 的邻域大小设置为 20；最大迭代时间为 800。表 7-1 列出了三种算法的其他参数设置，其中 n 是变量的数量。

表 7-1　　　　MOEA/D-AWA、MOEA/D、NSGA-Ⅱ 三种算法的参数列表

参数	MOEA/D-AWA	MOEA/D	NSGA-Ⅱ
交叉概率 P_c	0.9	0.9	0.9
交叉分布指数	20	20	20
突变概率 P_m	1/n	1/n	1/n
突变分布指数	20	20	20

单目标问题是在决策变量空间中找到最佳解和唯一解，而多目标优化问题没有使所有

目标达到最优的唯一解，而是有一组最优解。将水库、水电站和泵站的基本参数和月入库流量数据输入后，本节提出了以调水量最大和发电量最大为调度目标，并建立模型，然后以各种约束作为边界条件，采用 MOEA/D - AWA 算法获得最佳解决方案。设置算法参数，得到满足迭代条件的最优解。将 MOEA/D - AWA 算法的结果与 NSGA - Ⅱ 算法和 MOEA/D 算法的结果进行比较，包括三个算法的 Pareto front 和 HV 曲线、变量值、性能评估结果和比较结果。图 7 - 3 展示了应用数学优化模型和引入的 MOEA/D - AWA 算法的三个基本步骤。

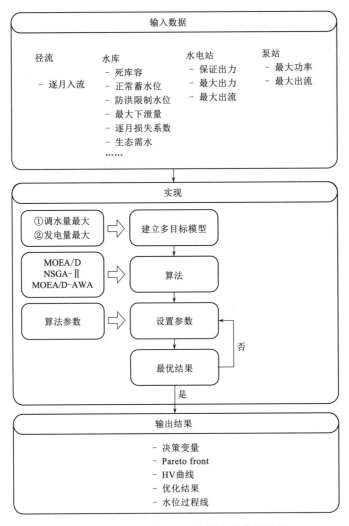

图 7 - 3　MOEA/D - AWA 算法的应用流程

7.2.2.3　结果分析

1. 分析不同算法的 Pareto front 曲线

图 7 - 4 显示了 800 次迭代后 MORO 问题的 MOEA/D、NSGA - Ⅱ和 MOEA/D - AWA 算法的 Pareto front 曲线。总的来说，三种算法的趋势大致相似。但是，如图 7 - 4 （a）所

示，由 MOEA/D 算法获得的 Pareto front 曲线是不连续分布的。由 MOEA/D 获得的非支配解决方案主要集中在底部，但在顶部不连续分布。如图 7-4（b）和图 7-4（c）所示，NSGA-Ⅱ和 MOEA/D-AWA 在均匀性方面表现明显优于 MOEA/D 算法，甚至 MOEA/D-AWA 算法的 Pareto front 曲线分布比 NSGA-Ⅱ算法略微均匀，与 MOEA/D-AWA 算法相比，NSGA-Ⅱ算法的 Pareto front 顶部和底部的均匀性略差。

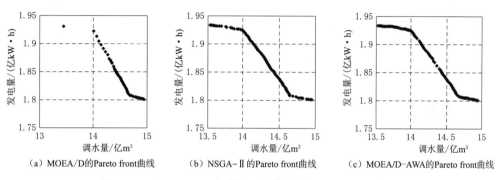

（a）MOEA/D的Pareto front曲线　　（b）NSGA-Ⅱ的Pareto front曲线　　（c）MOEA/D-AWA的Pareto front曲线

图 7-4　对于 MORO 问题的不同算法的 Pareto front 曲线：

2. 分析不同算法的收敛速度

超体积指数（HV）是衡量多目标优化算法性能的综合指标。特别是当理想的 Pareto front 未知时，HV 可以客观地评估 Pareto front 的收敛性、广度和均匀性。对于双目标优化的最小化问题，HV 值越大，Pareto front 的收敛性、广度和均匀性越好。此外，高 HV 值意味着非支配解集是未知 Pareto front 的较好近似值。

如图 7-5 所示，随着迭代次数的增加，HV 的三种收敛曲线算法变得更加稳定。但是，三种算法 HV 值的收敛速度存在差异。MOEA/D 算法的曲线在约 150 次后开始稳定迭代，MOEA/D-AWA 算法的迭代在大约 250 次迭代后逐渐稳定，并且 NSGA-Ⅱ算法的收敛速度比其他两个慢。在 600 次迭代之前，NSGA-Ⅱ算法的非支配解集的分布相对较差，而且非支配解集的分布逐渐在 600 代达到稳定。经过 600 次左右的迭代后，三者的相应 HV 值算法不再随着迭代次数的增加而增加，并且随着迭代次数的增加非支配解集稳定性增加。HV 值可用来度量算法一系列非支配解集的优越性。经过 600 次迭代后，MOEA/D-AWA 算法的 HV 值略高于 MOEA/D 和 NSGA-Ⅱ的 HV 值，这表明 MOEA/D-AWA 算法的非支配解集的分布更接近于理想的 Pareto front。

7.2.2.4　验证结论

总的来说，虽然 MOEA/D 的收敛速度比另外两种算法快，但是 MOEA/D 的非支配解分布不均匀。通过上述比较分析，MOEA/D-AWA 的收敛速度相对较快，而且 MOEA/D-AWA 算法的非支配解集的分布比较均匀且更接近理论 Pareto 前沿。因此，MOEA/D-AWA 算法可以应用于水库多目标优化调度问题并能取得较好的解集。

7.3　水库调度模型组件库

将水库调度模型与算法采用组件技术封装成相互独立的组件，建立调度模型方法组件库，搭建水库调度系统时只需要在库中"取"，方便了系统的集成应用。表7-2为本书建立的组件库组件列表。

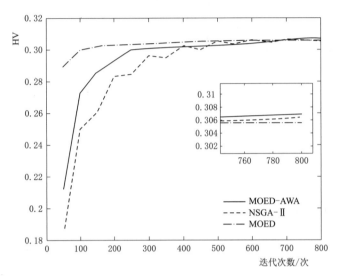

图7-5　不同算法的超体积指数收敛曲线

表7-2　　　　　　　　　　　　水库调度模型方法组件库

序　号	组　件　名	序　号	组　件　名
1	水库特征参数	11	防洪汛限水位
2	水位库容曲线	12	水位流量曲线
3	流量面积比拟	13	水库水量调配线
4	DP年调度（供水量最大）	14	DP月调度（供水量最大）
5	DP日调度（供水量最大）	15	POA年调度（供水量最大）
6	POA月调度（供水量最大）	16	POA日调度（供水量最大）
7	MOEA/D-AWA算法	17	联合调度方案
8	库水位过程	18	供水过程
9	发电机组负荷分配	19	泵站水量分配
10	等流量调节计算（年尺度）	20	等流量调节计算（月尺度）

7.4　多时间尺度嵌套滚动修正调度机制

7.4.1　滚动修正调度机制研究思路

　　水库调度的前提是有来水过程，来水过程以月、旬、日、小时为预见期的预报。水库的调度周期是根据需求而定，如是要做全年12个月的调度计划方案，那么来水过程就是以月为预见期的预报（月预报），经过适当的预报模型，对12个月来水过程进行了预报，调度根据预报成果，结合调度需求、调度目标，选择合适的调度方法或算法进行调度计划方案的计算，最终得出全年的调度计划方案。这是水库预报调度的一个流程，旬预报、日预报亦是如此。但是来水预报与调度计划停留在此，还是不够的，达不到本文提到的适应性调度的要求，也在实际调度工作中没有参考价值。水库预报调度是一个不间断的过程，也是一个连续不断的计算过程，更是一个不断反馈、修正、滚动的过程，需要来水预报对面临时段不断进行滚动预测，调度也随之而动。所以需要建立调度周期内的预报调度滚动修正机制，沿着整个调度周期的过程，随时间推进，预报调度不断地滚动修正成果。

7.4.2　径流预报滚动修正工作原理

滚动预报有三个层次的概念：一是预报本身就是一个滚动的过程，直至滚动到调度周期为止，得出了一个时间序列的预报值；二是对于某个有实测数据的时刻，此时，需要把实测值作为样本，来滚动修正后续的预报结果，过程中不断滚动，直至调度周期结束为止；三是时间尺度上的滚动预报。假设对于水文预报模型的一般形式为

$$y = f(x) \tag{7-13}$$

式中：x 表示建模需要的样本数据；$f(x)$ 表示预报模型，可以是预报的任何模型。

（1）预报本身的滚动过程：假设某时刻 t_1 对 t_2 时刻进行预报，选择 $\{x \mid x_0, x_1, \cdots, x_t\}$ 作为预报模型样本数据进行预报，那么到 t_2 时刻需要对 t_3 时刻进行预报时，样本数据增加了 x_{t+1}，变成 $\{x \mid x_0, x_1, \cdots, x_t, x_{t+1}\}$，此时若要进行预报，必须采用新的样本进行预报，样本可以采用与 t_1 时刻同样长度的最新样本，剔除与 t_3 时刻距离较远的样本值 x_0，新的样本为 $\{x \mid x_1, \cdots, x_t, x_{t+1}\}$，从而形成滚动预报。

（2）对于有实测数据时的滚动过程，就需要对以往的预报过程进行滚动修正。

调度周期内预报滚动修正原理如图 7-6 所示，对于黄色部分表示历史数据，深色部分表示实测数据，浅色表示短期预报结果。假设某时刻 t_1 有实测值 x_t' 时，需要对 t_2 时刻进行预报的修正，那么样本从原来的 $\{x \mid x_0, x_1, \cdots, x_t\}$ 变为 $\{x \mid x_0, x_1, \cdots, x_t'\}$，此时样本加入了实测值，用新样本进行后续的预报，以此在过程中滚动修正预报。这样加进的实测值可以提高预报的精度。

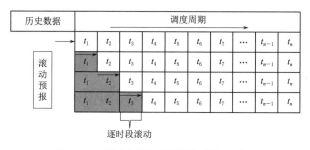

图 7-6　调度周期内预报滚动修正原理

那么这个过程实现了滚动预报，同时也形成了预报调度的滚动修正机制。在滚动修正预报机制下，随着时间的推移，预报方案不断修正调整，对应时间尺度的调度计划方案也需要重新制定预留的方案，才能适应变化。

7.4.3　预报调度滚动修正机制流程

预报在整个调度周期中进行了滚动预报以及修正。此时，在滚动修正预报机制下，随

着时间的推移，调度计划方案随着预报的不断修正调整，对应的时间尺度的调度周期的计划也需要重新制定才能适应变化，对实际调度有一定的参考作用。调度周期内的预报调度滚动修正机制流程如图7-7所示。

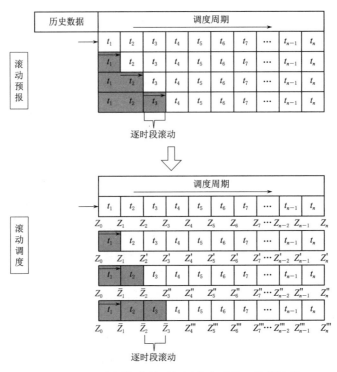

图7-7 调度周期内的预报调度滚动修正机制流程

假设对于水文预报模型的一般形式见公式（7-13）。调度周期内预报调度滚动机制流程如图7-13所示，深色部分表示实测数据，浅色表示短期预报结果。假设 t_0 时刻预报的调度周期内的值为 $\{Q \mid Q_{t1}, Q_{t2}, \cdots, Q_{tn}\}$，在 t_1 时刻有实测值 $\overline{Q}_1$ 时，需要把实测值 $\overline{Q}_1$ 加入预报样本中，对后续时段需要重新进行滚动修正预报，经过滚动预报后，周期内的预留时刻的预报成果变为 $\{Q \mid \overline{Q}_{t1}, Q'_{t2}, \cdots, Q'_{tn}\}$，此时调度计划方案也随着预报的变化而变化，调度计划方案也一直在滚动修正，调度修正结果为 $\{z \mid \overline{z}_1, z'_2, \cdots, z'_n\}$；当在 t_2 时刻有实测值 $\overline{Q}_2$ 时，预报样本需要把实测值 $\overline{Q}_2$ 加入预报样本中，对后续时段需要重新进行滚动修正预报，经过滚动预报后，周期内的预留时刻的预报成果变为 $\{Q \mid \overline{Q}_{t1}, \overline{Q}_{t2}, Q'_{t3}, \cdots, Q'_{tn}\}$，此时调度计划方案也随着预报的变化而变化，调度计划方案也一直在滚动修正，调度修正结果为 $\{z \mid \overline{z}_1, \overline{z}_2, z''_3, \cdots, z''_n\}$，一直循环滚动，此时样本加入了实测值，用新样本进行后续的预报，以此在过程中滚动修正预报，一直到调度周期结束。预报不断滚动修正，精度也会有所增加，调度随着来水预报的变化而变化，不断地修正调度计划方案，使得调度计划处于动态，这样使调度计划更具参考意义，对指导水库的运行有重要的科学意义。

跟随调度过程的滚动修正机制可以形成过程化的调度方法：在整个水库调度周期内，变化的因素给调度带来诸多未知性，也导致实际调度结果与计划情景方案不相符，甚至相差很大，工程效益发挥多少说不清楚。在调度过程中，时段及时间尺度大小对预报调度影响很大，立足于可行，逐步过渡到有效，建立预报调度滚动修正的调度机制，在过程中适应变化，对水库实施过程化的管控。

第8章

滚动嵌套机制下的计划与实时互馈调度

　　水库调度的实际应用过程中，计划方案要与实施方案一样同步改变，联动互馈，在同一个过程中，根据时段长短，各自发挥各自的作用。在调度方案动态改变中，同样需要预报成果的配合，在同一个过程中也要融合预报的长短，需要同时把多尺度预报及调度方案嵌套，在过程发展变化中滚动反馈修正。这些需要运行机制才能保证。

8.1　必要性

　　调度是一个多尺度问题，空间尺度上从水资源系统、行政区或流域、水源的调度，水资源系统宏观层面的调度，是大空间尺度，行政区属于中等空间尺度范围，而水库作为最小的计算单元，是大系统中的重要元素。通过对最小时间尺度单元的精细化研究，才能把大尺度的调度相关业务做好，因此，水库预报调度作为本章的研究重点，对此展开深入细致的研究。

　　预报调度是一个不间断的过程（时段长短不同的过程），也是一个连续不断的计算过程，更是一个不断反馈、滚动的过程。虽然"长短嵌套、滚动修正"的调度方式很早就被提出，但截至目前，关于这方面的研究成果还是相对少。不多的研究也偏向理论，设计多于实现，局限于用系统模型来集成一起。建立的多尺度耦合优化调度模型只是不同时间尺度之间的嵌套融合；开发的多尺度多模型调度决策支持系统还是按照传统的功能菜单式，系统中的模型方法固定、灵活性不够、适应性达不到实用性。关于调度计划方案与实施调度方案互馈，多时段滚动嵌套的决策机制描述与实现方面还没有见到实用上的解决方案。

　　时间尺度上包括长期、中期、短期和实时，其中长期、中期、短期调度是调度计划方案，是根据不同时间尺度下的水文预报制定的调度方案，实时调度是根据水库当前情况具体发生的调度。一方面计划调度位于宏观控制层，大尺度通过分配调度边界条件来指导水库的小尺度调度行为，例如短期调度通过分配每时段的起调水位来指导水库的实时调度，而水库实时调度决策既要适应来水、调度目标、需水等因素的变化又要符合短期调度计划方案的约束；另一方面，全年的调度结果最终都是由具体各时段的实时调度行为涌现出来的，所以水库为实现全年的调度任务，调度计划又必须适应实施调度行为，跟踪调度计划方案的执行情况而不断进行调整修正。因此，计划调度方案与实施调度方案需要不断交互更新，才能适应外界变化条件。

依据径流预报来制定水库调度计划方案，以此来指导水库的运行，这是水库调度的基本形式但径流预报受各种不确定因素影响，预报结果多会与实际预报结果有误差，因此，径流预报的好坏直接影响到调度计划结果与实施的调度方案之间的误差。同时由于目前制定的长期、中期、短期调度计划方案之间是相互脱节，无法有效相互支撑反馈，这样使得调度计划很难指导实际水库运行，在一定意义上失去了调度计划的参考价值。为了避免产生制定不同时间尺度的调度计划方案的无用之功，就要想办法使其不仅有用，且还要"活"起来，这就是本章的研究重点。为了进一步提高水库调度计划的实用性，为使调度计划考虑的因素比较全面，为了使调度计划方案能够合理地指导水库的实际运行，需要考虑多时间尺度的变化因素。短期调度计划可以更好地指导水库即将面临的时段的调度方案，长期调度计划可以作为宏观总控，协调全局的调度计划方案，为使不同时间尺度的调度计划方案更具指导性和参考性，减少调度计划与实施方案之间的误差，所以水库调度对不同时间尺度调度计划方案与实施方案之间的关系研究十分有必要。

8.2 研究思路

本章聚焦不确定性和对动态变化的适应性，在调度周期内（调节周期、调节能力）的水库调度过程，在过程中充分考虑因素的动态变化。在过程上把调度与预报和决策紧密关联。根据预报（长期、中期、短期、实时）成果的质量滚动修正，相应的调度计划方案也随着预报的修正而进行修正，在调度过程中多时间尺度（长期、中期、短期、实时）嵌套；在调度周期内的整个过程中用调度计划指导，实施调度方案对实施调度进行指导，并在滚动嵌套的工作过程中把调度计划方案与实施调度方案互馈，随着时间推进，跟上发展变化，涉及的关键业务之间相互影响、相互适应，靠机制保证大家的协调一致。

多时间尺度嵌套的动态约束反馈滚动调度思想如图8-1所示，主要是针对调度主体，即水库调度对象以及调度目标，根据来水预报，采用一定的调度方法，制定多时间级别的调度计划方案，根据实际调度成效，如果与调度计划之间存在偏差，需要进行分析具体原因，采用一定的方法进行反馈，并进行修正与调整，然后再进行下一次的循环。主要思路就是在计划决策、实施执行、评价、滚动修正到再决策、再执行之间进行循环的过程，采用动态控制可实现水库系统的适应性。

调度时间尺度包括长期、中期、短期、实时，在进行水库调度时，需要考虑不同时间尺度的约束与反馈关系，即互馈关系。以往对于多尺度调度的研究，大多关注于长期调度对短期调度的约束关系，很少研究短时间尺度对长时间尺度的反馈作用，导致不同时间尺度之间无法相互反馈与修正，从而使计划赶不上变化，无法适应发展变化，难以指导水库调度。

由于水库调节周期、调蓄能力是调度的基本，所以调度方案必须是长短结合，短期实施离不开长期指导，调度计划方案与实施调度方案要互馈、联动。调度是一个不间断的过程（时段长短不同的过程），也是一个连续不断的计算过程，更是一个不断反馈、滚动的过程。规划侧重做方案、调度侧重用方案；规划提供有限方案、调度需要无限方案；规划与调度结合就是长短不同的时间段之间嵌套。规划指导调度，调度的长时段（规划方案）中有短时段（调度方案），短期调度还要能参照长期计划方案。因此，为适应外界变化条件，调度与计划需要互馈，不断反馈、交互更新。

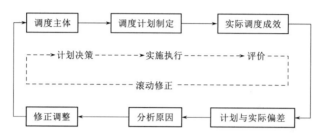

图 8-1 多时间尺度嵌套的动态约束反馈滚动调度思想

基本思路是：先做长期、中期、短期的调度计划方案，然后根据实际来水信息，进行实时调度，根据实时调度的结果，反馈并修正短期、中期和长期调度的边界条件，如果已实施的和计划的存在偏差，则需要调整预留期的调度计划方案，从而再次进行短期、中期和长期优化调度，产生新的调度方案，实现对调度方案的动态修正，如图 8-2 所示。

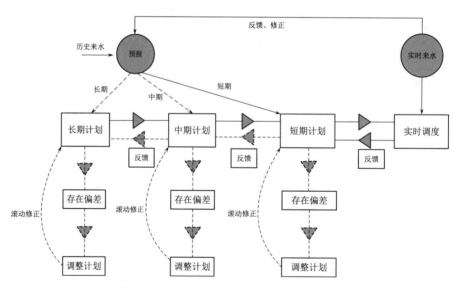

图 8-2 多时间尺度滚动嵌套机制基本思路

8.3 计划与实时调度互馈机制

从理论角度分析，水库调度多时间尺度嵌套是在原来的长期、中期、短期调度计划方案中加入了长期尺度对短期尺度的调度计划方案的约束关系，同时由实际水量调配期水位结果反馈修正预留期不同时间尺度调度计划方案的过程。

　　基于控制理论的思想，采用反馈控制、主动控制、最优控制理论等，建立水库调度多时间尺度嵌套的机制，提出多时间级协调、逐时间级细化、滚动修正的调度策略和方法，完善水库调度多时间尺度滚动嵌套互馈机制。水库调度多时间尺度嵌套滚动互馈机制研究思路如图8-3所示，长期水库调度步长为月，中期水库调度步长为旬，短期水库调度步长为天，实时水库调度为小时，根据不同时间尺度的径流预报的来水过程以及调度需求制定不同时间尺度的调度计划，长时间尺度的调度计划对短时间尺度有约束关系，短时间尺度对长时间尺度有反馈关系。这样就实现了多时间尺度嵌套、反馈、滚动修正，逐级细化的调度方式。

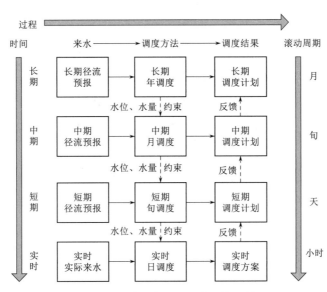

图8-3　计划与实时调度互馈机制

8.3.1　计划与实时调度互馈关系

　　长、中、短期的调度计划方案目前在一定意义上来说是独立的，大尺度对小尺度的调度计划方案没有起到约束的作用，小尺度对大尺度的调度计划方案也没有起到反馈的作用，使得调度计划方案没有实现尺度嵌套、滚动修正反馈的作用，这样很难指导水库的实际水量调配。如何把不同时间尺度的调度计划方案进行嵌套互馈是本章的研究重点，而且理清两者的关系是前提，后续工作都是基于两者的关系而开展的。

　　本节对于水库调度的多时间尺度的研究是针对长时间尺度和短时间尺度的双向作用的关系，既有长时间尺度对短时间尺度的约束，又有短时间尺度对长时间尺度的反馈作用，进一步深入研究水库调度如何进行多时间尺度嵌套，长、短尺度相互制约，滚动调整。多时间尺度嵌套方式是长时间尺度对短时间尺度是用边界进行约束的，而短时间尺度对长时间尺度是用反馈的形式，对长时间尺度的调度计划动态反馈，滚动调整的，实现短时间尺度与长时间尺度模型的嵌套反馈。

　　各时间尺度的关系如图8-4所示，长期调度是以月为步长，中期调度以旬为步长，短期调度以日为步长，实时调度以小时为步长进行调度。从图中可以看出，中期调度以长期调度的月为约束边界进行中期调度，短期调度以中期的旬为约束边界进行短期调度计划方案，实时调度逐时滚动调度，然后把实时调度方案反馈给短期调度，短期调度计划方案以此进行修正，逐日滚动调度；中期调度计划方案以短期调度计划方案为依据来修正调度计划方案，逐旬滚动调度；长期调度计划方案以中期调度计划方案为依据来修正调度计划方案，逐月滚动调度。

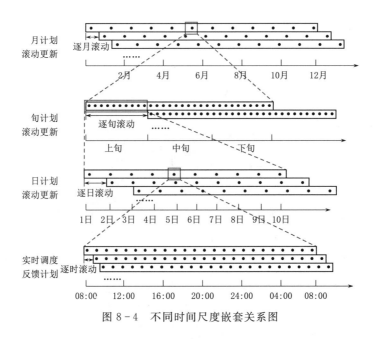

图 8-4　不同时间尺度嵌套关系图

8.3.2　机制工作原理

本节在滚动修正机制下建立多时间尺度调度计划方案与实施调度方案互馈机制，通过过程变化适应条件的变化。调度计划与实施调度互馈机制工作原理如图 8-5 所示，水库在调度周期初段，按照预先制定的调度计划实施调度。

（1）根据实际来水情况，若调度时段内实时调度与调度计划方案保持一致，那么在一个调度时段结束后，在滚动嵌套预报机制下，只需判断预报样本数据是否增加，若增加则重新预报，再制定后续调度计划方案。

（2）调度条件发生变化导致调度时段内实施调度与计划调度有偏差，如发生突发事件：水库下游发生石油泄漏水污染事件，需要加大下泄流量达到稀释污染物的目的，则现执行的调度方案就需要响应变化，做出调整，一个调度时段（如图 8-5 中 t_1 时段）结束后，由于水库未按照原先的计划执行调度，因此该时段后续的调度计划方案也要随之变化，重新制定。将实际的边界条件（指当前水库水位）反馈给上层的短期调度，在滚动预报结果和新的边界条件基础上对调度模型进行修正，重新制定 t_1 时段后面的短期调度计划方案（如图中黄色部分 t_1 时段后更新），下一个时段（t_2 时段）的调度则执行新的调度计划方案，在整个调度周期内按照此方法逐时段递推至中期调度、长期调度，直到水库调度周期结束。

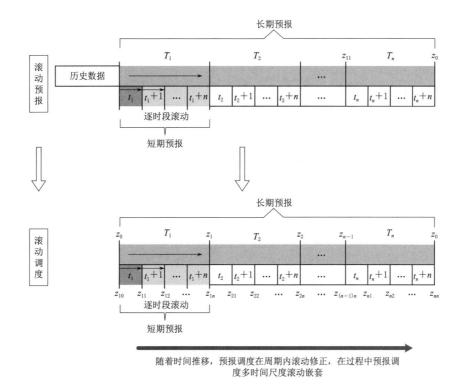

图 8-5 预报调度多时间尺度滚动嵌套机制原理示意图

水库如此反复随着时间的变化反馈修正对应尺度的调度计划方案就形成了滚动嵌套下的调度计划与实时调度滚动互馈调度。按照这种机制运行指导调度，使得各时间尺度下的调度方案更趋近于实用，同时也提高了调度的时效性。

8.3.3 机制实施原理

基于对多时间尺度嵌套的机制和多时间尺度的嵌套关系解析，多时间尺度实施流程如图 8-6 所示。

（1）长期调度计划方案：以月为步长，根据长期径流预测，结合调度目标，制定长期调度计划方案。

（2）中期调度计划方案：以长期调度计划方案每个月为边界，以旬为步长，根据调度目标，制定中期调度计划方案。

（3）短期调度计划方案：以中期调度计划方案每个旬为边界，以天为步长，根据调度目标，制定短期调度计划方案。

（4）实时调度方案：根据监测的实时数据，包括当前水位，和实时入流，以小时为步长，制定实时调度方案。

当 $t=t+\Delta t_1$ 达到下一天 24h 周期，就把实时调度方案反馈给短期调度，短期调度根据实时调度方案制定预留期的调度计划方案；如果 $t=t+\Delta t_1$ 没达到下一天 24h 周期，则继续制定实时调度方案，实时反馈调整。

当 $t=t+\Delta t_2$ 达到下一旬周期，就把短期调度计划方案反馈给中期调度，中期调度根据短期调度计划方案制定预留期的调度计划方案；如果 $t=t+\Delta t_2$ 达到下一旬周期，则继续修正短期调度计划方案。

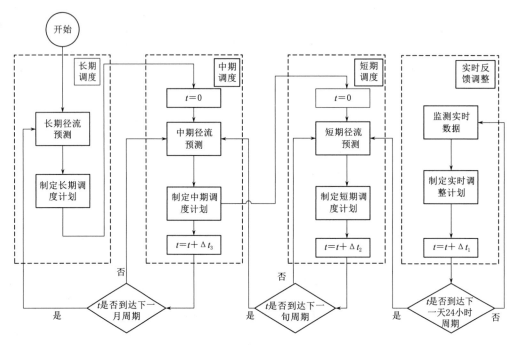

图 8-6 多时间尺度嵌套策略实施流程图

当 $t=t+\Delta t_3$ 达到下一月周期，就把中期调度计划方案反馈给长期调度，长期调度根据中期调度计划方案制定预留期的调度计划方案；如果 $t=t+\Delta t_3$ 达到下一月周期，则继续修正中期调度计划方案。

通过多时间级协调、逐时间级细化、滚动修正的调度机制，实现真正意义上的多时间尺度的调度计划方案嵌套、反馈滚动修正。

8.4 集成应用

跨流域调水工程多水源联合调度是一个复杂的系统工程，既要能制定长、中、短期的计划调度，又要能进行实时调度，同时还要能适应调水工程水量调配的动态需求变化，因此传统的系统很难实现。本文采用综合集成技术解决此问题，基于综合服务平台，采用"平台＋组件库＋知识图"的方式能够实现快速搭建应用系统，系统可操作性强，移植性高，能够实现"人机"互动。

针对引汉济渭工程水源区多水源联合调度，本文基于综合服务平台，采用组件、知识图技术，搭建了多水源联合调度业务服务系统，提供不同时间尺度、不同调度模型、不同调度情景的调度方案。基于多时间尺度滚动修正调度及"理想方案→动态调整→调度实施方案"等调度策略，实现工程的适应性调度。

根据引汉济渭工程多水源联合调度的业务需求，将其划分为径流预测、长期调度、短期调度、实时联合调度、泵站群联合调度及水电站厂内经济运行六大类主题，每一类主题下还可以再划分小主题，如长期调度被划分为基于调度规则的多水源联合调度、基于优化算法的多水源联合调度。图 8-7 是多水源联合调度系统的主界面，点击系统中的图标进入对应的主题系统。径流预测在前文已做介绍，下面重点介绍其他主题系统。

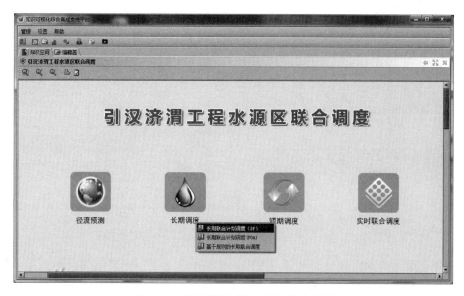

图 8-7　引汉济渭工程水源区联合调度

8.4.1　长期、短期计划调度

　　基于综合服务平台，搭建引汉济渭工程多水源联合年优化调度系统，图 8-8 是年调度系统的应用界面。

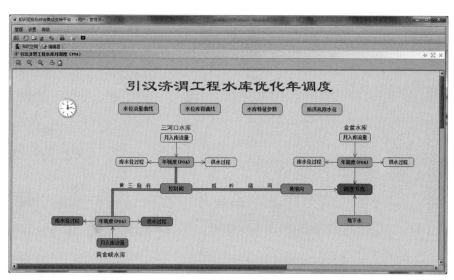

图 8-8　引汉济渭工程水库优化年调度系统

引汉济渭工程年调度方案如图 8-9 所示。

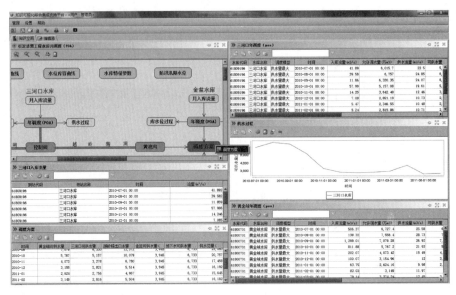

图 8-9 引汉济渭工程年调度方案

长期年调度和短期月调度在时间尺度上属于嵌套关系，月调度时需要用到年调度中对应月的起调水位和终止水位，基于综合服务平台，在年调度系统的基础上，可以快速修改并形成引汉济渭工程多水源月调度系统。

首先将年调度系统通过综合服务平台的知识包管理工具进行解压；然后从组件库中定制"POA月调度（供水量最大）"组件，也可以定制其他的月调度优化算法组件；由于组件具有通用性，最后只需要将新定制的组件添加到系统中，将年调度节点中的数据传给月调度节点即可，在进行月调度时就会把年调度计划中对应月的起调水位和终止水位作为约束条件进行调度计算。新搭建的引汉济渭工程水库优化月调度系统如图8-10所示。

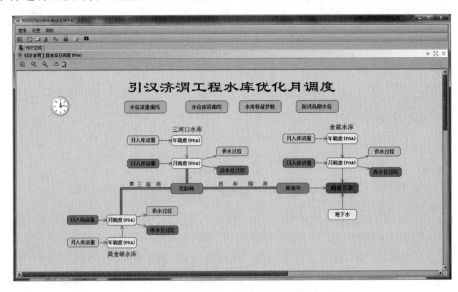

图 8-10 引汉济渭工程水库优化月调度系统

从图 8-10 中可以看出，月调度系统比年调度系统仅多了预报日入库流量以及月调度（POA）这几个节点，这是由于组件具有通用性，同时基于主题，基于组件、基于知识图的系统构建模式具有灵活搭建的特点。同时在进行联合调度计算时，年调度和月调度在时间尺度上是嵌套关系，在调度方式上采用滚动修正的方法。引汉济渭工程水库优化月调度系统的运行结果如图 8-11 所示。

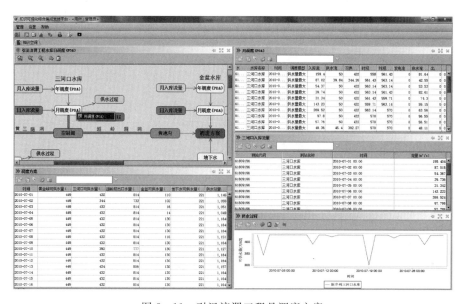

图 8-11　引汉济渭工程月调度方案

8.4.2　实时联合调度

长期、短期调度制定的调度方案都属于计划调度，工程水量调配只有达到实时才具有指导意义，基于综合服务平台，结合多尺度嵌套滚动修正机制，采用组件、知识图搭建的引汉济渭工程多水源实时联合调度系统如图 8-12 所示，实时调度是 1 小时调度，即制定 1 小时的调度方案。

引汉济渭工程实时联合调度的结果如图 8-13 所示。

8.4.3　泵站群、发电机组水量调配

8.4.3.1　泵站群水量调配

基于实时联合调度系统，可以得出黄金峡水库、三河口水库的调度方案，由于黄金峡水库供水是通过泵站将水抽至输水隧洞，三河口水库也通过泵站将多余的水抽到库中进行调蓄，因此在满足黄金峡水库供水量的前提下，确定泵站机组运行的最优组合，并将调水量在抽水泵之间实现最优分配，从而降低水库的耗能成本就至关重要。本节在实时联合调度系统的基础上，搭建了水源区泵站群水量调配系统。点击实时联合调度系统中的 ●泵站图标即可进入系统，如图 8-14 所示。

如图 8-14 所示，根据黄金峡水库的实时调度方案，以耗电能最小为目标，采用动态规划算法求解，得出黄金峡水库泵站的运行台数以及最优的负荷分配，分配结果如图 8-15 所示。

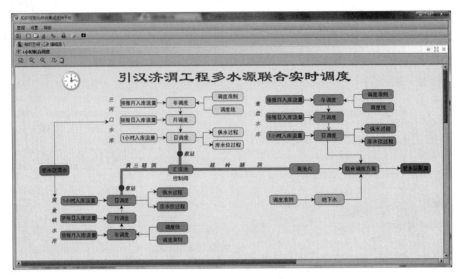

图 8-12　多水源实时联合调度系统

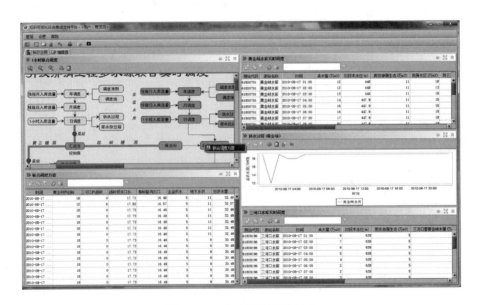

图 8-13　实时联合调度方案

8.4.3.2　水电站厂内经济运行

黄金峡水库、三河口水库在供水的同时还会根据水库的下泄流量进行发电,因此有必要对发电机组间的负荷分配进行研究。水轮机由于机组型号、制造工艺不同,各机组的能量特征存在一定差异,因此,在机组启停计划制定和负荷分配过程中,应根据机组的效率特性差异,进行优化计算,使完全相同发电任务时发电成本最小。本节在实时调度系统的基础上,搭建了水源区发电机组负荷分配系统,如图 8-16 所示。

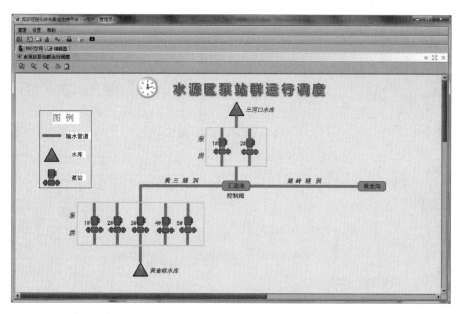

图 8-14 水源区泵站群水量调配

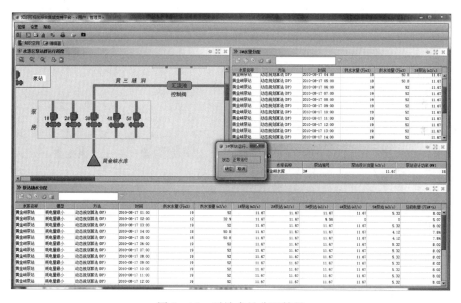

图 8-15 泵站水量分配结果

基于水库调度方案中的出力过程，采用动态规划算法进行优化计算，得出水库水电站机组负荷的最优分配，结果如图 8-17 所示。

8.4.4 动态调整下的联合调度

跨流域调水工程的水量调配由于涉及多种复杂因素，调度任务、调度目标都有可能随时发生变化，如出现突发事件需要调整某时段的调度计划，增加调水量。多水源联合调度系统制定的调度方案是一种理想方案，当出现需求变化时，按照"理想方案→动态调整→

调度实施方案"的调度策略,在工程水库可行范内人为的动态调整,从而得到工程运行的调度实施方案,形成适应性的工程调度,实现真正意义上的"人机"互动。

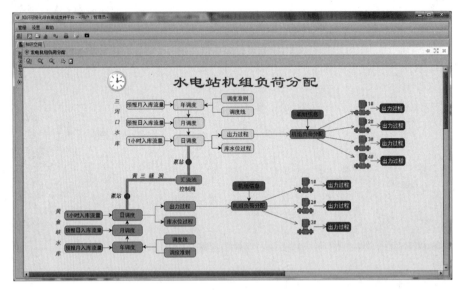

图 8-16 水电站机组负荷分配

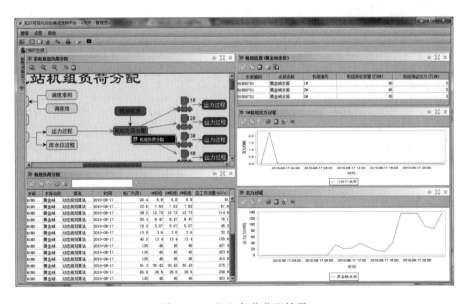

图 8-17 机组负荷分配结果

以年调度为例说明,图 8-18 是未调整之前的联合调度方案,图中列表的最后一列是缺水量,即工程供水量不满足受水区的需水。

通过调整时段内库水位或者供水过程实现动态调整,以调整三河口水库供水过程为例,点击图 8-18 中的"供水过程"图标,然后根据实际需求调整水库对应时段的供水过

程，调整完成后该时段及后续时段都会在系统中实时重新计算，如图 8 - 19 所示

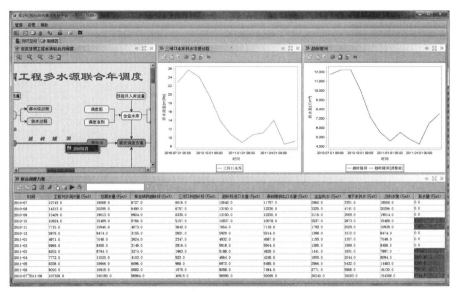

图 8 - 18　调整之前的联合调度方案

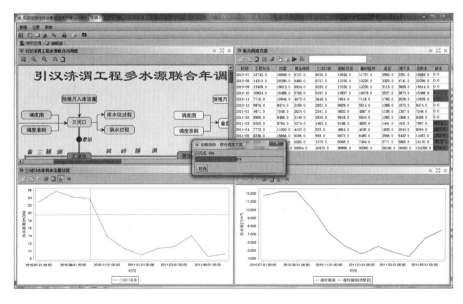

图 8 - 19　多水源联合调度动态调整

　　调整之后的联合调度方案以及越岭隧洞的输水过程如图 8 - 20 所示，从图 8 - 19 和图 8 - 20 对比可以看出，联合调度方案的结果以及隧洞的输水过程发生了变化。通过这种不断地调整，最终可以得出合理的联合调度方案。

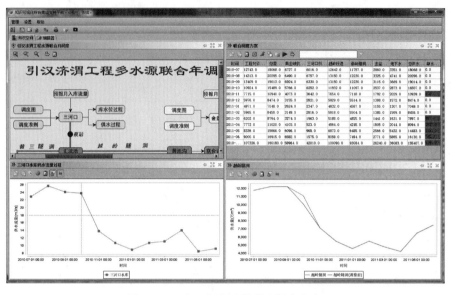

图 8-20 人工调整后的联合调度方案

第 9 章

调 度 方 案 动 态 评 价

在跨流域调水工程水量调配模式中，对于调度业务强调业务流程及调度过程，为了使调度方案的实施能够充分发挥工程效益，就需要对调度过程中的关键环节进行评价，同时在调度过程中，各个因素是动态变化的，导致生成的调度方案也是动态的。基于此，对调度进行在线评价、过程评价和动态评价就非常有必要，这样才能满足调水工程不断变化的需求，调水工程的水量调配才更合理。

跨流域调水工程的调度方案是调水具体实施的调度策略，决定着水库如何调度，调水量是多少。在调水工程运行过程中，不同的调度规则、不同的调度目标、人工参与的动态调整导致会产生多个调度方案。对于调水工程具体采用哪种调度方案更合适，就需对调度方案进行评价，选择最符合工程要求的调度方案。

9.1 调度方案评价指标体系

9.1.1 评价指标体系的建立原则

跨流域调水工程水库群调度目标包括防洪、发电、供水、生态等，是多层次、多目标的复杂系统多属性问题。水库群调度方案的评价指标体系要从水资源开发利用效率的角度出发，同时需要考虑跨流域水资源可持续发展的相关性、层次性及联合性，兼顾联合调度的各个目标。目前制定评价指标体系的方法很多，包括相关性分析法、主成分分析法、专家调研法等，不管采用哪种方法制定评价指标体系，都需要满足以下原则：

（1）全面性原则。跨流域调水工程联合调度系统是复杂的多属性多目标系统，调度方案评价指标体系要能够全面反映水库调度的防洪、发电、供水以及生态等目标。

（2）代表性原则。调度方案评价指标体系的建立需要有代表性，指标需要精炼，用主要的，有针对性地建立指标体系，避免评价指标的重复，造成指标体系过于庞大。

（3）可行性原则。指标体系建立需要在理论基础之上，建立的指标概念和意义要明确，涵盖面广，能够反映出调水工程水库群的调度目标实际情况，同时能够方便收集评价指标。

（4）定量化原则。选择的评价指标要能够定量化，不能定量化的指标也要能够分类进行定性评价。

（5）可比性原则。建立的评价指标体系对于每一个调度方案必须是可比的。

9.1.2 评价指标体系建立

调水工程的水库群调度目标是以防洪和生态为基础，以供水为主，同时兼顾发电。每一种调度目标都有各自的评价指标，将这些评价指标进行整合就形成了水库群调度方案评价指标体系。在进行评价时，根据选择与调度目标关联性强的指标进行评价，从而选择出最优的调度方案。本文根据跨流域调水水库的调度任务，建立如下评价指标体系，如图 9-1 所示。

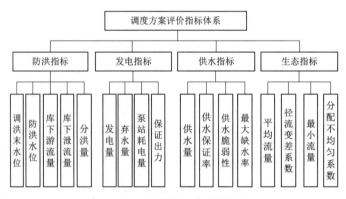

图 9-1　评价指标体系结构图

1. 防洪指标

（1）调洪末水位。调洪末水位是指水库调洪后的库水位，正常时期水库水位应接近正常蓄水位，汛期则应位于防洪汛限水位。

（2）防洪水位。防洪水位是防汛期间水库的水位，防洪水位越低，越有利于大坝安全，因此防洪水位属越小越优型指标。

（3）库下游流量。库下游流量是指运用调度方案后水库下游的流量，属越小越优型指标。

（4）库下泄流量。库下泄流量是指水库在调洪期内下泄的流量，下泄流量越大，对下游的危害越大，属于越小越优型指标。

（5）分洪量。分洪量是指汛期水库向下游泄洪的水量，反映了下游的淹没情况，因此分洪量越小越好。

2. 发电指标

（1）发电量。发电量是指调度期内水库总的发电量，发电量直接决定了产生经济效益的好坏，因此发电量属越大越优型指标。

（2）弃水量。弃水量是指没有产生效益而弃掉的水量，弃水量越大，损失的水能越大，属于越小越优型指标。

（3）泵站耗电量。水库泵站机组运行所用的电量，耗电量越大对水电站整体利益越不利，所以泵站耗电量越小越好。

（4）保证出力。保证出力是指水库电站机组发电时需要保证的最小出力，该指标直接反映了水电站发电效益情况，所以保证出力越大越好。

3．供水指标

（1）供水量。供水量是指在水库向供水对象所供给的水量，是供水调度评价中比较重要的一个指标，供水量越大表明水库的效益越好，所以供水量越大越好。

（2）供水保证率。供水保证率是指在水库能够正常供水的概率，供水保证率指标越大越好。

（3）供水脆弱性。引汉济渭引水后受水区每年平均缺水程度，表征供水水量方面的脆弱性，属于越小越优型指标。计算公式：供水脆弱性＝平均缺水量/年需水量。

（4）缺水率。缺水率反映未能满足区域水资源需求量的概率，引汉济渭工程的一大任务是满足关中地区的用水需求，且缺水率越大遭到的破坏也越大，属越小越优型指标。

4．生态指标

（1）平均流量。平均流量体现了水库下泄水量的平均水平，平均流量越大，对生态越有利，因此平均流量越大越好。

（2）径流变差系数。径流变差系数指月径流量总体系列的离散程度，径流变差系数越大，表示年径流的变化越明显，不利于水资源的利用，所以径流变差系数越小越好。

（3）最小流量。最小流量指的是一年中干旱季节的低谷流量，其值越低越不利于滩区植物的生长繁殖，会造成外来生物过分繁殖。

（4）年内分配不均匀系数。表示径流年内分配的不均匀性，反应径流变化的大小，在此变化周期内生物进行繁衍。

9.2 调度方案评价方法

跨流域调水水库群调度方案评价方法主要包括模糊综合评判法、灰色关联法、投影寻踪法等，每种方法都有其优缺点，这些基础方法都能够为调度方案的提供评价服务。下面主要介绍模糊综合评判法和灰色关联分析法两种常用方法。

9.2.1 模糊综合评判法

模糊综合评判法是复杂影响因素作用情况下，解决所研究课题的最佳方法，或是依据评价结论对该问题进行优劣排序的一种综合客观评价方法，对方案的评价过程如下。

假设存在待评判的样本集合 $X=\{x_1,x_2,\cdots,x_n\}$，样本数量为 n，每个样本 x_i 有 m 个特征指标，采用行向量表达为 $x_i=\{x_{i1},x_{i2},\cdots,x_{im}\}(i=1,2,\cdots,n)$。

因此样本集合可以表示为

$$X=\begin{Bmatrix} x_{11} & x_{12} & \cdots & x_{1m} \\ x_{21} & x_{22} & \cdots & x_{2m} \\ \vdots & \vdots & \vdots & \vdots \\ x_{n1} & x_{n2} & \cdots & x_{nm} \end{Bmatrix} \tag{9-1}$$

由于各个样本特征值对总评定因素的影响程度不同，根据其相对重要程度，假设模糊向量 $A=\{a_1,a_2,\cdots,a_m\}$，代表总综合评判中各个特征值的权重，因此满足如下：

$$\sum a_j = 1 \quad (j = 1,2,\cdots,m) \tag{9-2}$$

每个样本的第 j 项指标，也许会存在量级乃至量纲上的差异性。因此需要对其进行归一化处理，消除其中存在的差异。有的特征指标值越大效果越佳，这种特征指标值就称为越大越优型，特征指标值越小效果越佳的就称之为越小越优型。

根据上述指标值存在越大越优型、越小越优型的不同类型，在其归一化处理时可使用下列公式。

越大越优型：

$$u_{ij} = x_{ij}/x_{\max}(j) \tag{9-3}$$

越小越优型：

$$u_{ij} = x_{\min}(j)/x_{ij} \tag{9-4}$$

式中：u_{ij} 为特征值归一化后的样本序列，$i=1,2,\cdots,m, j=1,2,\cdots,n$；$x_{ij}$ 为原样本序列，$i=1,2,\cdots,m, j=1,2,\cdots,n$；$x_{\max}(j)$ 为每 j 项样本特征值中的最大值；$x_{\min}(j)$ 每 j 项样本特征值中的最小值。

使用下列公式：

$$R = r(i,j) = \frac{u(i,j)}{\sum\limits_{k=1}^{m} u(i,k)} \quad (i=1,2,\cdots,n; j=1,2,\cdots,m) \tag{9-5}$$

建立单因素评判矩阵：

$$R = \begin{Bmatrix} r_{11} & r_{12} & \cdots & r_{1m} \\ r_{21} & r_{22} & \cdots & r_{2m} \\ \vdots & \vdots & \vdots & \vdots \\ r_{n1} & r_{n2} & \cdots & r_{nm} \end{Bmatrix} \tag{9-6}$$

其中 $R_i = \{r_{i1}, r_{i2}, \cdots, r_{im}\}(i=1,2,\cdots,n)$ 表示第 i 个样本 $u(i)$ 的单因素评价，样本的优劣程度由其取值的大小而评定。

当模糊向量 A 和模糊关系矩阵 R 已知后，模糊综合评判的结果集可以通过模糊矩阵的复合运算获得：

$$B = AR = \{b_1, b_2, \cdots, b_m\} \tag{9-7}$$

如果做一个最优决策，将最大的 b_i 所对应的 x_i 作为最优决策，那么获得这样结果依据的是最大隶属的原则；将 x_i 按照 b_i 的大小顺序进行优劣排序，其目的在于对各样本进行评判，得出最终的评价结果。

9.2.2　灰色关联分析法

灰色关联分析法也是目前广泛应用的一种综合评价方法，核心是基于关联度分析所做出对评价方案的优劣排序，具体评价计算步骤如下：

Step1：构造评价参考序列与评价矩阵。设有 m 个评价方案，每个评价方案均有 n 个评价指标，则单个评价方案序列可表示为

$$C_i = (C_{i1}, C_{i2}, \cdots, C_{in}) \quad (i=1,2,\cdots,m) \tag{9-8}$$

式中：$C_{i1}, C_{i2}, \cdots, C_{in}$ 代表第 i 个调度方案各个指标的实测（计算）值。

参考序列可表示为

$$C_0 = (C_{01}, C_{02}, \cdots, C_{0n}) \tag{9-9}$$

式中：$C_{01}, C_{02}, \cdots, C_{0n}$ 表示每个指标在所有备选方案中的最优值。即：$C_{0j} = Optimum$ $(C_{ij}), i = 1, 2, \cdots, m; j = 1, 2, \cdots, n$。将参考序列和所有方案实测序列排列成如下评价矩阵：

$$C = (C_{ij})_{(m+1)n} = \begin{bmatrix} C_{01} & C_{02} & \cdots & C_{0n} \\ C_{11} & C_{12} & \cdots & C_{1n} \\ C_{21} & C_{22} & \cdots & C_{2n} \\ \vdots & \vdots & \vdots & \vdots \\ C_{m1} & C_{m2} & \cdots & C_{mn} \end{bmatrix} \tag{9-10}$$

Step2：评价矩阵归一化。由于不同指标值 C_{ij} 之间的量纲可能不同，与模糊优选法类似，要将评价矩阵进行归一化（无量纲化）处理，归一化后的评价矩阵如式（9-11）所示：

$$Y = (Y_{ij})_{(m+1)n} = \begin{bmatrix} Y_{01} & Y_{02} & \cdots & Y_{0n} \\ Y_{11} & Y_{12} & \cdots & Y_{1n} \\ \vdots & \vdots & \vdots & \vdots \\ Y_{m1} & Y_{m2} & \cdots & Y_{mn} \end{bmatrix} \tag{9-11}$$

Step3：关联系数 φ_{ij} 的计算。灰色关联系数是灰色关联分析法评价的关键，其公式为

$$\varphi_{ij} = \frac{\min\limits_m \min\limits_n |Y_{0j} - Y_{ij}| + \rho \max\limits_m \max\limits_n |Y_{0j} - Y_{ij}|}{|Y_{0j} - Y_{ij}| + \rho \max\limits_m \max\limits_n |Y_{0j} - Y_{ij}|} \quad (i = 1, 2, \cdots, m; j = 1, 2, \cdots, n) \tag{9-12}$$

式中：ρ 为分辨系数，$0 < \rho < 1$，一般取 $\rho = 0.5$。根据邓聚龙教授的定义，当 ρ 取值越小越能使关联系数之间的差异变得更显著。由式（9-12）可计算各个评价方案的各个指标值的关联系数，可以用矩阵表示为

$$E = (\varphi_{ij})_{mn} = \begin{bmatrix} \varphi_{11} & \varphi_{12} & \cdots & \varphi_{1n} \\ \varphi_{21} & \varphi_{22} & \cdots & \varphi_{2n} \\ \vdots & \vdots & \vdots & \vdots \\ \varphi_{m1} & \varphi_{m2} & \cdots & \varphi_{mn} \end{bmatrix} \tag{9-13}$$

式中：φ_{ij} 为第 i 个评价方案的第 j 个评价指标与其所有备选方案最优值的关联系数，该值越大表示这个评价指标与最优值越接近。

Step4：计算关联度，进行综合评价排序。计算公式为

$$U = wE^{\mathrm{T}} \tag{9-14}$$

式中：w 为各评价指标的权重。由式（9-14）计算得各个方案的综合关联度 $U = \{u_1, u_2, \cdots, u_n\}$，评价方案的关联度 u_j 最大的方案为最优方案，u_j 按从大到小的顺序进行排列，可得所有评价方案的优劣排序。

9.3　指标权重确定方法

指标权重的确定是调度方案评价的重要组成部分，权重是否合理直接影响着对调度方案的评价。指标权重确定的方法包括以下三种方法：①主观权重法，如专家调查法（Delphi）、层次分析法（AHP）等；②客观权重法，如主成分分析法、熵权法等；③主观和客观权重的综合法，如熵权-层次分析法。现提出一种改进的熵权-层次分析法，下面对该方法的基本原理作简单介绍。

熵权-层次分析法是综合层次分析法确定的主观量和熵权法确定的客观量来确定指标权重的一种组合方法，但仅仅是将两种方法分别计算得到的指标权重进行综合，没有将两种方法求解过程融合起来，因此，本文在传统熵权-层次分析法的基础上进行改进。

9.3.1　层次分析法

层次分析法（Analytic Hierarchy Process，AHP）是将与决策相关的元素分解成目标、准则、方案等层次，在此基础之上进行定性和定量综合分析的决策方法。

层次分析法确定指标权重的步骤如下：

Step1：构造层次分析结构。将解决问题的指标进行条理化和层次化梳理，以构造层次分析结构模型。经常使用的层次结构包括三层：目标层、准则层和子准则、指标层。最高层——目标层表示管理决策者想要获得的理想目标和结果；准则层、子准则表示判断目标达成与否的判断条件和判断准则；最底层为指标层，表示具体量化的用于度量目标的指标。每层元素的个数尽量低于 9 个，否则可能会对判断矩阵的构造造成一定程度的困难。

Step2：通过两两之间的对比构造判断矩阵。理论条件下经常运用 1～9 标度法确定判断矩阵的标度。针对实际情况，对于标度值的确定，主要通过专家和决策者的研讨结果决定。

Step3：一致性检验。如果判断矩阵的一致性比率（CR）小于 0.1，则认为判断矩阵一致性达到要求，一致性检验通过。否则继续调整再重新检验直至通过。

Step4：求解权向量。判断矩阵最大特征根及特征向量的计算可以通过迭代法、方根法、最小二乘法等方法完成。而同一层的元素相对于上层某元素的重要性权重则由特征向量进行归一化处理后的结果表示。从上而下沿着层次结构，把相对权值进行合成，最终生成各个指标对目标的权重。

9.3.2　熵权法

熵权法是根据指标变异的大小来确定评价指标的客观权重。若指标的信息熵越小，表明指标的变异程度越大，在进行评价时所起的作用也越大；若指标的信息熵越大，则相反。熵权法确定客观权重的步骤如下：

Step1：设有 m 个待评指标，n 个评价方案，构建原始评价指标矩阵 $Y=(y_{ij})$，$i=1,2,\cdots,m$；$j=1,2,\cdots,n$。

Step2：将矩阵 Y 进行归一化处理，得矩阵 $B=(b_{ij})$。

Step3：计算指标 i 的熵值：

$$H_i = -\frac{1}{\ln n}\left[\sum_{j=1}^{n} f_{ij}\ln f_{ij}\right] \tag{9-15}$$

$$f_{ij} = \frac{b_{ij}}{\sum\limits_{t=1}^{n} b_{it}} \tag{9-16}$$

式中：$0 \leqslant H_i \leqslant 1$，为使 $\ln f_{ij}$ 有意义，假定 $f_{ij}=0$ 时，$f_{ij}\ln f_{ij}=0$；$i=1,2,\cdots,m$；$j=1,2,\cdots,n$。

Step4：利用熵值计算评价指标 i 的熵权为

$$w_{ci} = \frac{1-H_i}{m-\sum\limits_{k=1}^{m} H_k} \quad (i=1,2,\cdots,m) \tag{9-17}$$

Step5：计算评价指标 i 的综合权重，得：

$$w_i = \frac{w_{si}w_{ci}}{\sum\limits_{k=1}^{m} w_{sk}w_{ck}} \tag{9-18}$$

式中：w_{si} 代表主观权重。

9.3.3　熵权-层次分析法的改进

通过熵权法和层次分析法确定的指标权重可能会与实际情况有较大偏差，因此可将层次分析法得到的主观权重 θ_i 和熵权法 α_i 得到的客观权重相结合，得到综合权重 ω_i，计算公式如下：

$$\omega_i = \theta_i\alpha_i / \sum_{i=1}^{n}\theta_i\alpha_i \tag{9-19}$$

这两种评价方法在计算指标权重时，只是将最底层指标的主观权重 θ_i 和客观权重 α_i 进行综合，并没有将两种方法求解权重的中间过程融合，同时可能会出现两种方法计算的某指标权重相差较大，导致综合权重不合理，不能反映出指标实际的重要程度。本节将熵权法和层次分析法计算综合权重时考虑将两种方法的中间过程融合，实现对熵权-层次分析法的改进，具体步骤如下：

Step1：设有 m 个上层准则，n 个子准则，每个上层准则包含 $n_1,n_2,\cdots,n_m$ 个子准则，且 $n_1+n_2+\cdots+n_m=n$。采用层次分析法计算上层指标权重 $B=\{\beta_1,\beta_2,\cdots,\beta_m\}$，各子准则的权重 $\Phi=\{\varphi_1,\varphi_2,\cdots,\varphi_n\}$。

Step2：采用熵权法计算各准则权重，记为 $A=\{\alpha_1,\alpha_2,\cdots,\alpha_n\}$。

Step3：将子准则权重 Φ 和熵权法求得的权重 A 进行综合，求得综合权重 $T=\{\tau_1,\tau_2,\cdots,\tau_n\}$，其中

$$\tau_i = \varphi_i\alpha_i / \left(\sum_{i=1}^{n}\varphi_i\alpha_i\right) \tag{9-20}$$

Step4：按照上层准则和子准则的对应关系，重新表示子准则综合权重 $T=\{\tau_{11},\tau_{12},\cdots,\tau_{1n_1},\tau_{21},\tau_{22},\cdots,\tau_{2n_2},\cdots,\tau_{m1},\tau_{m2},\cdots,\tau_{mn_m}\}$，并对上层准则对应下的自准则进行归一化计算得 $\Omega''=\{\omega''_{11},\omega''_{12},\cdots,\omega''_{1n_1},\omega''_{21},\omega''_{22},\cdots,\omega''_{2n_2},\cdots,\omega''_{m1},\omega''_{m2},\cdots,\omega''_{mn_m}\}$，其中

$$\omega''_{ij} = \tau_{ij} / \sum_{j=1}^{k}\tau_{ij} \quad (k=n_1,n_2,\cdots,n_m；i=1,2,\cdots,m) \tag{9-21}$$

Step5：将上层准则权重 B 和归一化后求得综合权重 Ω'' 对应相乘，得权重 $\Omega' = \{\omega'_{11},$ $\omega'_{12}, \cdots, \omega'_{1n_1}, \omega'_{21}, \omega'_{22}, \cdots, \omega'_{2n_2}, \cdots, \omega'_{m1}, \omega'_{m2}, \cdots, \omega'_{mn_m}\}$，其中 $\omega'_{ij} = \beta_i \omega''_{ij}, i = 1, 2, \cdots, m,$ $j = 1, 2, \cdots, k, k \in \{n_1, n_2, \cdots, n_m\}$。

Step6：将 Ω' 重新表示为 $\Omega' = \{\omega'_1, \omega'_2, \cdots, \omega'_n\}$，然后进行归一化处理，得 $\Omega = \{\omega_1,$ $\omega_2, \cdots, \omega_n\}$，其中

$$\omega_i = \omega'_i \Big/ \sum_{i=1}^{n} \omega'_i \quad (i = 1, 2, \cdots, n) \tag{9-22}$$

ω_i 即为最终的指标权重。

9.4　调度方案动态评价

跨流域调水工程水库群进行调度时，由于所考虑的因素是动态变化的，导致调度方案也是动态变化的，因此对调度方案的评价也应该是动态的。水库实时调度有以下特点：

（1）水库实时调度是水库以时间为尺度的调度类型中最复杂的一种，需要考虑防洪、发电、灌溉等多种因素，决策过程非常复杂。水库调度不同阶段，需要考虑的因素也不同，因此，所采用的调度方案也应该动态变化。例如，洪峰来临前后时段，应侧重水库防洪，更多关注防洪调度方案，而其他阶段则应更多关注水库兴利问题。

（2）水库实时调度中所涉及的因素十分复杂，如上游来水情况、降雨情况、水库自身调蓄变化等。在进行水库实时调度决策时，当水库情势严峻时，决策结果的产生与决策者的心理素质和外界因素有很大关系，这些因素中，有的可以定量描述，如水库库容、下泄能力等；有的则很难定量，如水雨情信息，检测设备只能检测已经发生的，预报也只能在短暂的预见期才能保证一定的精度，因此依据这些信息做决策存在风险。

从水库实时调度的特点并结合水库动态调度可以发现，水库调度从入库的径流预报到水库调度计划制定到水库调度方案的生成到最后方案的执行，一切都是动态变化的，那么，水库调度方案的评价也必须是动态变化的，这样才能适应其他因素的变化。

在多尺度嵌套滚动反馈修正调度的基础之上，现提出多尺度下的水库调度方案实时动态评价，水库调度方案实时动态评价的过程如图 9-2 所示。

从图 9-2 中可以看出，水库调度计划制定之后，应对调度计划，可以采用水库调度多方案生成模式生成多个调度方案，同时，采用调度方案的评价方法对方案进行评价，然后执行方案，应用于水库实时调度。在水库调度方案执行后，对调度方案执行的效果进行评价，同时将评价结果反馈于水库调度方案生成，为生成方案提供参考。

从水库调度方案实时动态评价过程可以看出，实时动态评价没有技术上的创新，只是评价模式上的创新。实现实时动态评价需要解决两个问题：一是事后评价如何反馈给调度方案生成；二是整个动态评价过程如何实现其应用。

9.4.1　基于知识检索的事后评价反馈机制

事后评价是对调度方案执行效果的一种评价，执行效果的好坏对于水库调度方案的制定有很好的借鉴意义，也就是水库调度方案事后评价可以反馈于调度方案的制定，促使在制定调度方案时能够对方案进行改进，从而能够更好地为调度服务。因此研究事后评价的

反馈机制也很有意义。鉴于此，本节提出如下的反馈机制。

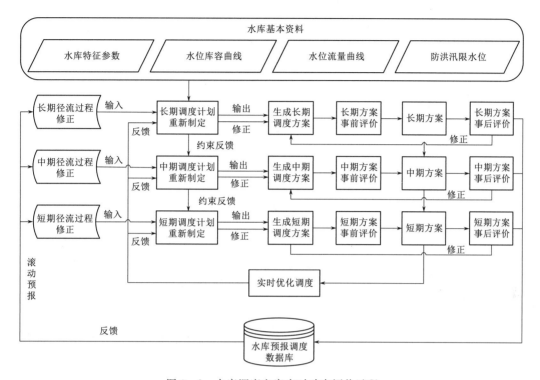

图 9-2　水库调度方案实时动态评价过程

首先，每种调度方案都有自己的生命周期，生命周期结束后对该方案进行评价，评价时可选择方案类型对应的评价指标，如，对于防洪方案而言，可以选择次洪起涨水位指数、次洪最高水位指数、次洪最大下泄流量指数和预泄调度指数作为评价指标，然后按照每种指标进行评价，得到各指标的评价等级，如优、良、中、差等，就得到了该方案的各指标的评价效果。

其次，每种调度方案都对应一种来水过程，该过程在调度之前是预报得到的，但在调度之后就变成了实测值，那么，可以提取每场来水的特征属性来代表来水，如对于实时洪水调度而言，可以提取起涨水位、洪峰流量、峰现时间、洪水总量、前 1 日洪量、前 2 日洪量等指标来表示洪水。

再次，实际调度时，所采用的调度方案，如闸门开度、机组开启状态等应作为方案的属性来对调度方案进行标记。

前面提到的调度方案、来水及方案评价结果都可以作为水库调度方案制定的参考依据，同时可以将其录入数据库，形成水库调度方案制定的"知识库"。

实际水库调度方案制定时，可以采用知识检索的方法为水库提供调度方案。首先采用水文预报模型对来水进行预测，并确定当前时刻的水库水位、闸门等，然后将这些指标和知识库中的同类指标进行比对，比对的方法可以选用相似度方法，将相似度最高的那组来水和水库实际状态所对应的调度方案作为本次调度的参考方案，同时查看该方案的评价结果，如某些指标不满意，可以对方案按照指标进行改进，从而为方案生成提供了更有价值的参考依据。基于知识检索的事后评价反馈机制如图9-3所示。

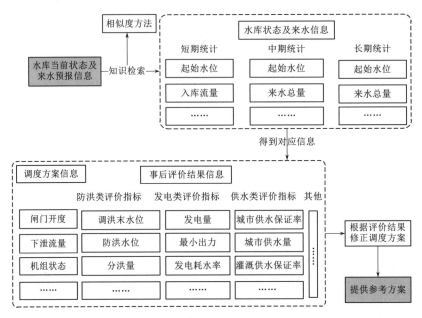

图9-3　基于知识检索的事后评价反馈机制

9.4.2　水库调度方案动态评价的实现机制

相对于传统的调度方案评价，动态评价要具有时效性和动态适应性。传统的调度方案是在特定目标条件下生成的，不具有可变性，不能动态适应调度因素的改变，从而导致调度效果不理想。然而调度方案动态评价是在制定调度方案的同时进行评价，属于在线式评价，时效性强，同时具有可变性，使得调度方案评价也具有动态适应性，与跨流域调水工程水量调配的实际情况更接近。实现跨流域调水工程调度方案的实时在线评价，水库群调度的相关数据必不可少，在此基础上还要有水库群实时调度动态评价系统。

（1）水库群调度数据。水库群进行调度时需要的数据很多，如径流预报数据、水位特征参数、水位库容关系数据、水位流量关系数据、防洪汛限水位数据等，调水工程调度方案的动态评价要求调度数据具有实时性，本节采用综合集成技术对水库群调度所需的各类数据进行集成；同时将相关数据封装成组件，用的时候只需要调用，从而更方便应用。

（2）调度方案动态评价系统。由于水库群实时调度方案评价不仅需要时效性，更注重其动态可变性，然而传统的评价是静止的，只能在特定条件下对调度方案进行评价，无法实现时效性和动态性，因此需要评价系统作为支撑，通过评价系统，能够快速实现评价时的各阶段工作，使评价过程动态化。本节基于综合服务平台构建跨流域调水工程水库群调度方案实时动态评价系统，采用组件技术将水库群调度方案评价方法及评价指标封装成组件，构建评价指标库和方法库，见表9-1。然后基于综合服务平台，动态搭建调度方案评价系统。应用系统时可以利用综合服务平台的修改功能，快速添加或删除评价指标及评价方法，实现评价系统的更新，形成新系统，对照参考提高评价的合理性和科学性。

表 9-1 调度方案评价指标及评价方法库

序 号	组 件 名	序 号	组 件 名
1	评价方法（模糊综合评判法）	15	评价方法（投影寻踪法）
2	评价方法（灰色关联分析法）	16	评价方法（可拓评价法）
3	评价方法（组合评价法）	17	指标权重方法（层次分析法）
4	指标权重方法（熵权法）	18	指标权重方法（熵权-层次分析法）
5	指标权重方法（改进的熵权-层次分析法）	19	指标权重方法（粗糙集法）
6	调度方案信息提取	20	水库状态及入库径流信息提取
7	评价指标（调洪最高水位）	21	评价指标（最大下泄流量）
8	评价指标（库下游流量）	22	评价指标（分洪量）
9	评价指标（发电量）	23	评价指标（弃水量）
10	评价指标（泵站耗电量）	24	评价指标（保证出力）
11	评价指标（供水量）	25	评价指标（供水保证率）
12	评价指标（最大缺水率）	26	评价指标（供水脆弱性）
13	评价指标（最小流量）	27	评价指标（平均流量）
14	评价指标（分配不均匀系数）	28	评价指标（径流变差系数）

9.5 调度方案动态评价集成应用

引汉济渭工程是在满足防洪和生态的基础上，以供水为主，同时兼顾发电的调配水工程，要实现引汉济渭工程水库群调度方案的动态评价，传统的系统开发模式难以实现，本节基于综合服务平台，采用调度方案评价指标库＋评价方法库＋知识图的模式搭建引汉济渭工程水源区调度方案动态评价系统，同时系统中还采用多时间尺度嵌套滚动修正的调度方法，如图9-4所示。根据引汉济渭工程需求和特性，主要从供水、发电以及生态三方面在指标库中选择评价指标，具体如下：供水指标选择供水量和供水保证率；发电指标选择发电量和泵站耗电量；生态指标选择平均流量。

评价系统中针对不同的调度期采用不同的评价方法对调度方案进行评价，引汉济渭工程联合日调度方案和实时调度方案的评价结果如图9-5所示。

当评价者的需求发生变化，或在评价的过程中有新的问题产生，目前搭建的系统不能完全支撑现状评价或未来评价的需求，就需要对现有的评价指标体系进行更新，添加新的指标或删除不能完全反映评价对象现状的指标。基于综合服务平台搭建的评价系统就能够快速的适应评价者的需求变化。首先利用综合服务平台的知识包解压功能对评价系统进行解压，解压后的系统就可以编辑；然后从指标库中定制相应的组件；最后将定制的组件添加到系统中，应用系统，实现系统的更新。例如针对引汉济渭工程供水过程添加供水脆弱性指标，如图 9-6 所示。

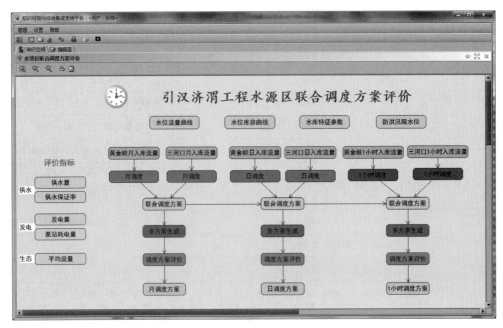

图 9-4 引汉济渭工程联合调度方案评价

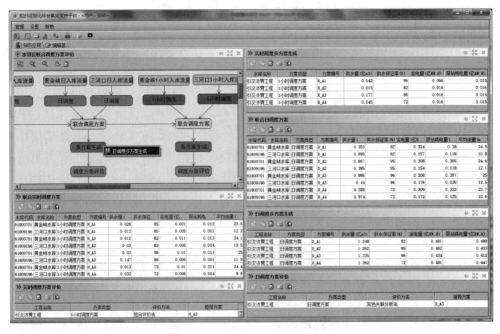

图 9-5 调度方案评价运行过程

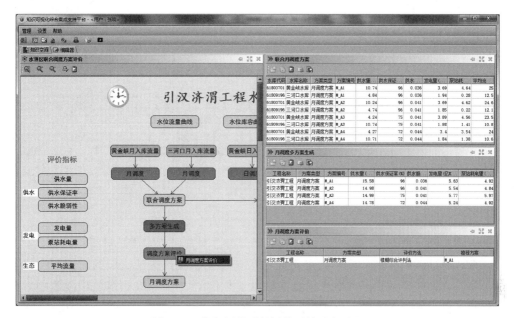

图 9-6 指标调整后的评价系统运行过程

第10章

输水隧洞输水模型构建
与业务化实现

水流输送时间是输水线路水力特征的重要部分，对其研究实质是对线路内流量演进历时的计算。通过流量演进计算，获得不同输送流量下水流到达某断面的时间，在河道防洪、水库安全、灾害预警等方面均有着重要地意义与作用[225]。在引汉济渭工程中，秦岭输水隧洞不仅是连接水源区两座水库的物理通道，更是连接引汉济渭工程水源区与受水区的唯一纽带，也是调水区与受水区水资源联合调配的控制性节点。其主要任务是输水且隧洞没有调蓄能力，所以水流在隧洞从入口至出口的流达时间是其关键指标，直接影响着工程的供水时长与供水效率。

10.1 引汉济渭输水隧洞几何特征数据

秦岭输水隧洞的进口布设在黄金峡水利枢纽的坝后左岸，底板高程 549.23m，出口设计在周至县黑河右岸支流黄池沟内[226]，底板高程 510.00m，隧洞全长 98.26km，沿程比降约 1/2500。其中，越岭段长 81.78km，进口即控制闸处，底板高程 542.65m，采用钻爆法施工长度 42.7km，横断面为马蹄形 Ⅱ 型带倒角（$R=1.5$m），断面尺寸 6.76m×6.76m，采用 TBM（全断面隧道掘进机）法施工长度 39.08km，断面为圆形，直径6.92m/7.52m。隧洞工程布置如图 10-1 所示。

秦岭隧洞不同的分段由于不同的施工方式，具有不同的断面形状，通过钻爆法施工的隧洞段横截面为马蹄形，形状与尺寸如图 10-2（a）所示；而通过 TBM 施工的隧洞段横截面为圆形，形状与尺寸如图 10-2（b）所示。

10.2 秦岭输水隧洞系统划分

隧洞经过简化后变为一个以控制闸为中心，以黄三段、越岭段、连接洞为三个叶片的类风车结构，按照施工支洞所在位置将各个洞段分别划分为 5 段、11 段、1 段，分别有 6个、12 个、2 个控制断面，分段计算不仅能使计算更加精确，还可以对整个隧洞内的水流状态有更好的把握，在上述拓扑关系图中，每一个点状元素都代表一个控制断面，从而实现拓扑关系水网对实体物理水网的概化。

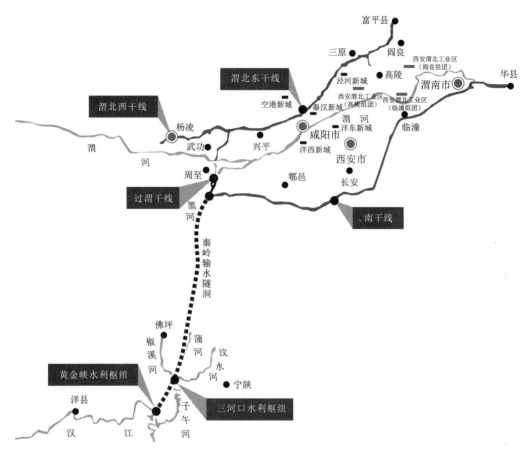

图 10-1 陕西省引汉济渭二期工程总体布局示意图

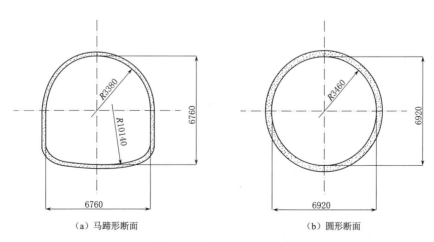

（a）马蹄形断面   （b）圆形断面

图 10-2 秦岭隧洞断面图

隧洞段控制断面的划分按照隧洞段施工支洞的所在位置进行划分，对于黄三段秦岭隧洞，为单向隧洞，故从黄金峡入口处至控制闸出口处共分为 5 段 6 个断面，各断面参数见表 10-1。

表 10-1　　　　　　　　　　　秦岭隧洞黄三段断面参数表

断面	起始断面桩号	分段长度/m	分段比降
进口断面	K0+000	455	1/2500
断面 1	K0+455	4624	1/2500
断面 2	K5+079	5169	1/2500
断面 3	K10+248	5179	1/2500
断面 4	K15+427	1093.68	1/2500
出口断面	K16+520.68		

对于三河口至控制闸的隧洞为双向隧洞，长度较短故不分段，故有一段两个断面，各断面参数见表 10-2。

表 10-2　　　　　　　　　　　秦岭隧洞连接洞断面参数表

断面	起始断面桩号	分段长度/m	分段比降
进口断面	K0+000	232.4	1/2500
出口断面	K0+232.4		

对于秦岭隧洞越岭段，单向输水，依然按照施工支洞的位置进行划分，从控制闸入口断面至黄池沟出口断面共分为 11 段 12 个断面，具体参数见表 10-3。

表 10-3　　　　　　　　　　　秦岭隧洞越岭段断面参数表

断面	起始断面桩号	分段长度/m	分段比降
进口断面	K0+000	2575	1/2527
断面 1	K2+575	7625	1/2527
断面 2	K10+200	3750	1/2527
断面 3	K13+950	5350	1/2527
断面 4	K19+300	2127	1/2527
断面 5	K21+427	4716	1/2527
断面 6	K26+143	7257	1/2480
断面 7	K33+400	21880	1/2480
断面 8	K55+280	9884	1/2480
断面 9	K65+164	5569	1/2530
断面 10	K70+733	11046	1/2530
出口断面	K81+779		

10.3　隧洞及管网水动力学模型

10.3.1　输水隧洞非恒定流水动力学模型

根据引汉济渭输水隧洞的自流输水的运行方式，可以通过求解圣维南方程组来模拟隧洞中非恒定流过程，方程组形式如下：

$$B\,\frac{\partial z}{\partial t}+\frac{\partial Q}{\partial s}=q_l \tag{10-1}$$

$$\frac{\partial Q}{\partial t}+2\,\frac{Q}{A}\,\frac{\partial Q}{\partial s}+\left(gA-B\,\frac{Q^2}{A^2}\right)\frac{\partial z}{\partial s}-\left(\frac{Q}{A}\right)^2\frac{\partial A}{\partial s}\bigg|_z+g\,\frac{|Q|Q}{AC^2R}=0 \tag{10-2}$$

式中：Z 为水位；Q 为流量；B 为水面宽度；A 为过流面积；q_l 为单位长度上的旁侧入流或出流；g 为重力加速度；t 为时间；s 为沿程距离；R 为水力半径；C 为谢才系数。圣维南方程组属于一阶拟线性双曲型偏微分方程，可以通过有限差分（如 Preissmann 四点偏心隐式差分法）等数值方法获得相应的数值解。

10.3.2 相应流量法

相应流量法是目前较广泛采用的一种简易、实用而古老的水文预报方法。它根据河道洪水波运动原理，分析洪水波上任一位相的流量沿河道传播过程中在流量值与传播速度上的变化规律。即研究河段上、下游断面相应流量间和流量与传播速度之间的定量规律，建立相应关系，据此进行预报。虽然主要作用为洪水预报，但可以计算流量传播时间，故也可以用作流量演进。

前、后断面相应流量分析：

$$Q_{\text{下},t+\tau}=Q_{\text{上},t}-\Delta Q_l \tag{10-3}$$

式中：$Q_{\text{下},t+\tau}$ 为断面 $t+\tau$ 时刻的流量，m^3/s；$Q_{\text{上},t}$ 为 t 时刻的流量，m^3/s；ΔQ_l 为上下游相应流量的差值，也为流量波的展开量，与 Δi 有关，m^3/s；τ 为流量传播时间。

传播时间 τ 的分析：

$$\tau=\frac{L}{v} \tag{10-4}$$

式中：L 为隧洞段长度；v 为波速，流量波上某相位点的传播速度，与水面比降、流量有关，由此可建立如下关系：

$$\tau=f(Q_{\text{上},t},i) \tag{10-5}$$

10.3.3 线性方程模型

隧洞中的水流一般属非恒定流，可用圣维南方程组描述。对圣维南方程组进行简化和概化后，则可得到水量平衡方程与槽蓄方程：

$$\frac{1}{2}(Q_{\text{上},1}+Q_{\text{上},2})\Delta t-\frac{1}{2}(Q_{\text{下},1}+Q_{\text{下},2})\Delta t=S_2-S_1 \tag{10-6}$$

$$S=f(Q) \tag{10-7}$$

式中：$Q_{\text{上},1}$、$Q_{\text{上},2}$ 为上断面时段初、末流量，m^3/s；$Q_{\text{下},1}$、$Q_{\text{下},2}$ 为下断面时段初、末流量，m^3/s；Δt 为计算时段，d；S_1、S_2 为时段始末蓄水量，m^3；在稳定流状态下，由于存在着附加比降，随着水面比降的变化，S 与 $Q_{\text{下}}$ 呈多值关系，此时槽蓄量 $S=f(Q,i)$，隧洞段槽蓄水量可表示为上断面多个时刻流量的线性组合，即

$$SW_t=\sum_{i=0}^{n}\beta_i Q_{t-i}^s,\ \sum_{i=0}^{n}\beta_i=1 \tag{10-8}$$

将式 x 代入 y，可得

$$Q_t^{s+1} = \sum_{i=0}^{n} \alpha_i Q_{t-i}^s, \sum_{i=0}^{n} \alpha_i = 1 \qquad (10-9)$$

式中：α_i，β_i 为线性组合系数；n 为演进方程系数的个数。

由上可知，隧洞段槽蓄方程与流量演进方程具有相似性，并且当获得其中一个方程系数后，即可获得另一个方程的系数。系数 α_i 与隧洞的流量级有关，不同的流量级有不同的 α_i，考虑隧洞输水损失、分水损失等因素对 α_i 系数的影响后，河段流量演进方程可写为

$$Q_t^{s+1} = \sum_{i=0}^{n} \alpha_i (Q_{t-i}^s - L_t^{s,s+1} - W_t^{s,s+1} + R_t^{s,s+1}) \qquad (10-10)$$

$$\sum_{i=0}^{n} \alpha_i = 1 \qquad (10-11)$$

式中：$L_t^{s,s+1}$ 为输水损失量；$W_t^{s,s+1}$ 为隧洞区间分水量；$R_t^{s,s+1}$ 为隧洞区间加水量。

10.4 秦岭隧洞段流量演进

流量演进的基本计算分析方法有洪峰流量法、马刺京根法、相同流量法等，但由于工程缺乏演进计算需要的实测资料数据，故不能直接采用以上计算方法。考虑到时间、速度与距离三者的关系，参考相同流量法的计算，本节采用距离-流速的方法推求输水隧洞演进时间，主要分为两个步骤，隧洞特征参数确定与流量演进计算，计算过程如下：

1. 隧洞断面特征参数计算

秦岭隧洞为无压输水，可以将其看为明渠渠道，使用曼宁公式对速度流量关系进行分析，隧洞断面的水深与过水面积关系如图 10-3 所示

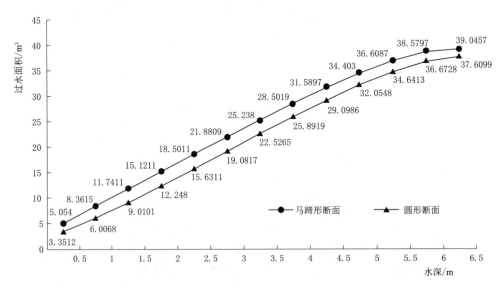

图 10-3 隧洞断面水深与过水面积关系

隧洞断面的水深与相应湿周关系如图 10-4 所示。

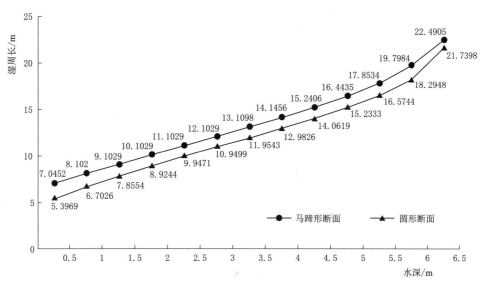

图 10-4 隧洞断面水深与湿周关系

2. 流量演进计算

现根据曼宁公式求不同断面的水位流量关系：

$$v = \frac{k}{n} R^{\frac{2}{3}} S^{\frac{1}{2}} \qquad (10-12)$$

式中：v 为断面流速，m/s；k 为转换常数，一般取为 1；n 为糙率，秦岭隧洞中为钢筋混凝土衬砌，糙率取为 0.0145；R_h 为断面的水力半径，m；S 为渠道坡度，具体取值见断面特征参数表。

有上述结果后，再根据速度—距离公式得到流量—时间关系。

$$t = \frac{L}{v} \qquad (10-13)$$

式中：t 为流经时间，s；L 为隧洞长度，即流动距离，m；v 为水流速度，m/s。

由上述公式可知，$Q = \frac{k}{n} S^{\frac{1}{2}} \left(\frac{A}{\chi} \right)^{\frac{2}{3}} A = \frac{k}{n} S^{\frac{1}{2}} \frac{A^{\frac{5}{3}}}{\chi^{\frac{2}{3}}}$，且加之公式 $v = \frac{Q}{A}$ 得出流量与流速的关系如图 10-5 所示。

由上述关系可知，不同的流量在秦岭隧洞的不同断面流达时间及总时间见表 10-4。

表 10-4   **秦岭隧洞流量演进成果表**

分段	分段流量 /(m³/s)	分段长度/m						
		10	20	30	40	50	60	70
黄三进口段	455	344	276	246	229	217	209	203
黄三分段 1	4624	3498	2801	2504	2325	2205	2121	2066

续表

分段	分段流量 /(m³/s)	分段长度/m						
		10	20	30	40	50	60	70
黄三分段 2	5169	3910	3131	2799	2599	2465	2371	2310
黄三分段 3	5179	3918	3137	2804	2604	2470	2376	2314
黄三出口段	1093.68	827	662	592	550	522	502	489
连接段	232.4	176	141	126	117	111	107	104
越岭进口段	2575	1948	1560	1394	1295	1228	1181	1151
越岭分段 1	7625	5768	4618	4128	3834	3636	3498	3407
越岭分段 2	3750	2837	2271	2030	1885	1788	1720	1676
越岭分段 3	5350	4047	3240	2897	2690	2551	2454	2391
越岭分段 4	2127	1609	1288	1152	1069	1014	976	950
越岭分段 5	4716	3567	2856	2553	2371	2249	2163	2107
越岭分段 6	7257	5293	4320	3866	3594	3412	3288	3217
越岭分段 7	21880	15959	13024	11657	10837	10287	9914	9699
越岭分段 8	9884	7209	5883	5266	4895	4647	4478	4381
越岭分段 9	5569	4213	3373	3015	2800	2656	2555	2488
越岭出口段	11046	8356	6690	5981	5554	5268	5067	4936
隧洞总用时/s	98532.08	73302	59131	52884	49130	46614	44873	43784

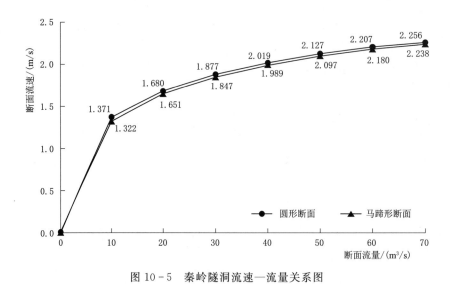

图 10-5　秦岭隧洞流速—流量关系图

10.5　秦岭隧洞段流量演进业务化实现

上述计算方法虽然得到了不同流量对应的流量演进时间，但只有少数整十流量对应的演进时间，不足以支撑实际应用的需求，故还需要对其进行业务化实现从而得到任意引调水流量对应的演进时间。根据前述小节选取的演进方法对秦岭隧洞流量演进进行业务化实现，根据流量演进方法的计算逻辑，对其进行组件划分。

流量演进业务所需组件分为：时间定制组件、进口段流量输入组件、隧洞各分段特征参数输入（长度、糙率、坡度、转换常数）、过水面积—水深计算组件、湿周—水深计算组件、流量—流速计算组件、演进时间结果展示组件等，引汉济渭工程的隧洞段流量演进计算组件逻辑如图10-6所示。

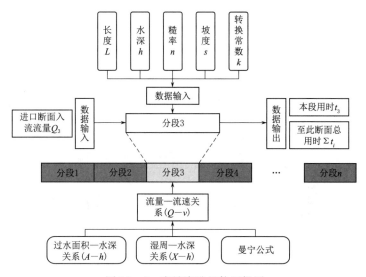

图 10-6　流量演进组件逻辑图

工程输水隧洞流量演进需要的组件种类及数量见表10-5。

表 10-5　　　　　　　　　　　隧洞流量演进计算所需组件

序　号	组 件 名 称	作　　用	数　量
1	隧洞分段信息查询	从数据库查询分段信息	17
2	隧洞断面信息查询	从数据库查询各断面信息	20
3	黄三段演进结果	展示黄三段的流量演进结果	1
4	越岭段演进结果	展示越岭段的流量演进结果	1
5	连接洞演进结果	展示连接洞的流量演进结果	1
6	秦岭隧洞演进结果	展示秦岭隧洞整体的流量演进结果	1
7	秦岭隧洞演进仿真演示	动态甘特图展示隧洞的流量演进结果	1
8	控制阀控制组件	选择流量演进洞路	1

此小节对引汉济渭工程隧洞段流量演进业务进行了业务化实现，构建了其业务逻辑关系，并且总结了业务实现所需的组件，对后续联合调配中流量演进联通联动奠定了基础。

10.6　输水隧洞流量演进业务系统实现

引汉济渭工程秦岭隧洞的流量演进业务在第 4 章已经简单介绍，可以通过计算成果表来大体判断不同的过水流量情景下隧洞内某流量从入口断面流至出口断面的时间，对工程的运行时间判断与确定起到指导作用。但是这种较为粗糙的计算结果在应用于信息化调配系统中有些力不从心，需要在信息化平台上对此进行更快捷精确的计算，信息化平台上实现流量演进业务分为以下几个步骤：隧洞段元素概化、供需关系分析、拓扑关系水网可视化构建、业务主题划分与实现等。

（1）隧洞段元素概化。根据引汉济渭工程秦岭输水隧洞的施工布置图，控制闸连接的三部分隧洞分别为黄金峡至控制闸的黄三段、三河口至控制闸的连接段以及控制闸至黄池沟的越岭段，隧洞连接着各个工程节点，为各工程节点间的水力连接通道，通过控制闸的精准控制通过其内水流。而秦岭输水隧洞的其他关键节点为控制断面。隧洞段元素节点及节点概化情况见表 10 - 6。

表 10 - 6　　　　　　　　　隧洞段元素节点及概化情况表

概化节点						
元素节点	黄金峡	三河口	黄池沟	控制闸	隧洞	控制断面

（2）隧洞段供需关系分析。根据引汉济渭工程的运行机理，在秦岭隧洞中，黄三段隧洞中水流只从黄金峡到控制闸；越岭段隧洞中水流从控制闸输送至黄池沟；而三河口与控制闸的连接隧洞是可以双向输水的，黄金峡水库向三河口水库补水时，三河口水库的泵站抽水将水流抽至三河口水库内存蓄，三河口供水时水流从三河口自流至控制闸，具体供需关系如图 10 - 7 所示。

（3）隧洞段拓扑关系水网可视化构建。根据（2）中的秦岭隧洞的水量供需关系分析，在平台上用点状元素和线状元素绘制图框等工具来绘制秦岭隧洞段的拓扑关系网，首先按照一定的关系放置点状元素（此处用空间位置关系），并用线状元素连线来概化连接工程的隧洞，在图形绘制面板上此部分关系水网如图 10 - 8 所示。

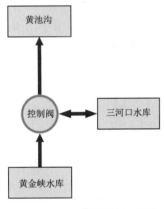

图 10 - 7　秦岭隧洞水流供需
关系简图

秦岭隧洞流量演进业务逻辑较为简单，通过隧洞特征参数与流量的计算来得到水流通过该分段的时间，其次汇总本次输水过程中水流流经的所有分段所用的时间，所以简单地根据控制闸连接的三段隧洞按照工程规模划分为三个部分，在一个知识图上进行体现。将概化后图标作为点状元素的背景图，对拓扑关系图中的元素进行规范美化处理，且对非关键的线性元素进行隐藏，得到的最终拓扑关系图如图 10－9 所示。

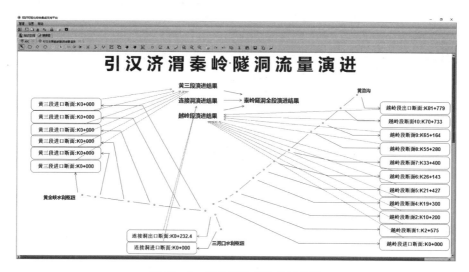

图 10－8　流量演进拓扑关系简图

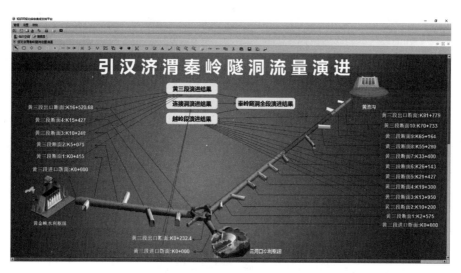

图 10－9　引汉济渭秦岭隧洞拓扑关系网

（4）将上述组件添加至拓扑关系图来实现拓扑关系网与业务组件网的耦合，将分段信息查询组件添加至隧洞分段节点；将隧洞断面信息查询组件添加至隧洞断面节点；将控制阀控制组件添加至控制阀节点；将三个分段演进结果组件、秦岭隧洞演进结果组件与秦岭隧洞演进仿真演示组件分别添加至黄三段演进结果、越岭段演进结果、连接洞演进结果、隧洞全段演进结果与隧洞全段演进结果演示的节点下，即可实现二者的耦合。

（5）组件添加完毕后保存知识图，点击相应的节点选择节点下的业务功能进行流量演进计算，选择几个重要的节点进行演进结果的查看，计算结果如图 10－10 所示。

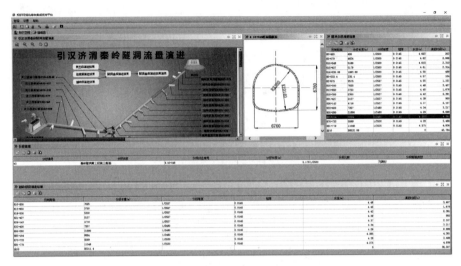

图 10 - 10　秦岭输水隧洞流量演进结果

第11章

基于数字水网的受水区水资源
供需平衡分析

    跨流域调水是对空间上的水资源重新分配，调节地区间水量盈亏、解决缺水地区对水资源需求的重要手段，而水源区与受水区水源的联合调度能对径流的时空变化实时捕捉，更好地发挥水文与库容补偿的作用[227]。本章是在引汉济渭工程调水规模确定的情况下，立足于受水区本身，分析受水区水资源系统概况，制定受水区水量配置规则，采用知识可视化技术将引汉济渭工程调配水系统拓扑化，并基于综合服务平台，集成调度规则和调配决策业务，搭建引汉济渭工程水源区-水区水量联合调配决策系统，为引汉济渭工程提供合理的水资源调配方案。

11.1　受水区水资源系统概化

    引汉济渭工程受水区的水资源系统由多水源、多用户、多输配水工程组成，通过对其进行概化能更清楚，直观地展现水资源系统情况。首先分析水资源系统中的每一个对象，确定所要概化的基本元素，将水源节点、输配水节点与用水节点采用有向线段连接，建立水源和用户之间的输配水关系，形成水资源的系统网络图。

    引汉济渭工程建成后，关中地区各大中城市及工业区的现有水资源供需结构进行调整如下：

    （1）西安市：西安市由引汉济渭工程与黑河、石砭峪（含引乾济石水量）、李家河水库等当地其他水源联合供水。

    （2）咸阳市：咸阳、武功、兴平均以引汉济渭工程为主、以羊毛湾、大北沟、泔河水库等当地水源为辅进行联合供水。黄河古贤水库建成供水至泾河东岸后，咸阳北部地区由东庄、亭口、红岩河水库和当地其他水源联合供水。

    （3）杨凌市：杨凌市以引汉济渭工程为主，以羊毛湾水库、泔河水库等当地水源为辅联合供水。

    （4）渭南市：渭南市及华县由引汉济渭工程与渭南抽黄、涧峪水库、尤河水库等当地水源联合供水；黄河古贤水库建成后，渭南北部地区由古贤水库和当地水源联合供水，卤阳湖工业区及蒲城清洁煤化工区主要由渭南抽黄供水。富平及富平一带工业区由东庄水库与引汉济渭、古贤水库联合供水。

（5）西咸新区：西咸新区的沣东、沣西新城由引汉济渭供水，泾河、空港、秦汉新城以引汉济渭工程与东庄水库联合供水为主。

通过建立受水区水资源配置仿真模型，对受水区当地水资源结合引汉济渭调水量进行模拟，得到可行的配置方案。

根据规划，2025 年引汉济渭工程先期向西安、咸阳、西咸新区 5 个新城、长安、鄠邑、周至、兴平、阎良 5 个中小城市及西安泾渭工业园区、西安渭北工业区等 14 个供水对象供水。2030 年实现向所有供水对象供水。

规划水平年的引汉济渭工程水资源系统概化图如图 11-1 所示。

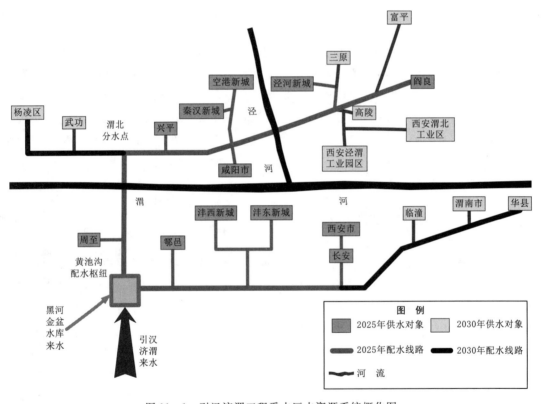

图 11-1 引汉济渭工程受水区水资源系统概化图

11.2 水资源配置规则及模型

11.2.1 受水区配置规则

引汉济渭工程调水后，根据调水过程和当地水资源情况，确定引汉济渭工程各类水源的配置规则如下：

（1）依据城市重要性不同，优先满足西安、咸阳、渭南、杨凌 4 个重点城市需水要求。

（2）优先利用回用中水，用于城市绿化、河湖补水等生态环境用水。

（3）供水对象城镇生活用水优先使用城镇专用水源的供水，不足时由当地地下水和引汉济渭调水工程补充。此处使用的地下水为地下水最小开采量，是为充分利用地下水库的调节功能，确保机井设备的利用率及供水实际需要，应保证必要的地下水开采量。

（4）供水区内原来承担灌溉任务的水源工程满足其原有的灌溉任务。

（5）供水区当地水库调度规则：首先满足下游最小生态流量，然后供给城镇生活、生产和农业。

（6）引汉济渭调水优先供城镇生活与工业用水，其次是农业用水和生态用水，当地水源主要供给农业用水和生态用水；当引汉济渭调水不能满足城镇生活与工业供水时，当地水源作为应急后备水源给予补给。

11.2.2　受水区配置模型层次划分

从引汉济渭工程水资源系统水量分配角度而言，受水区水资源配置需要完成时间、用户、各类需水三个层面上水源到用户的逐层分配，不同层次的分配受不同因素的影响，如图11-2所示。

受水区在时间层面上的水量分配取决于引汉济渭调水状况、当地水源状况、用户需水情况。用户层面上的水量分配主要是对受水区用水户的水资源分配，它的分配主要受用户优先级和供水条件影响。用户优先级反映了用户之间对共有水源分配的先后顺序，体现了决策因素；供水条件反映了用户和调水工程之间输水的条件，体现了调水工程的输配水能力。而对于用户的水量分配还受行业优先级、各类水源优先级的影响。通过对

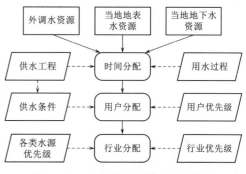

图11-2　水资源配置模型层次划分

水资源系统的分析建立从不同水源到不同用户不同行业之间配置关系，使水资源配置计算更加科学化、合理化。

基于上述层次划分原则，通过对引汉济渭工程及其受水区水资源情况分析后得出水资源配置模拟原则如下。

1. 基本原则

（1）安全运行原则：确保工程安全运行所必须遵守的强制性约束，例如水库的安全运行规则。

（2）需水要求满足顺序：对于水库供水来说，首先满足下游最小生态流量，原来承担灌溉任务的工程满足其原有的灌溉任务，然后供给城镇生活、生产和农业；对于引汉济渭调水来说，引汉济渭调水优先供城镇生活与工业用水。

（3）水源划分及利用规则：水源划分按照引汉济渭工程建成后确定的各水源供水对象以及引汉济渭供水管线确定；地下水以地下水最小开采量为准；再生水用于城市绿化、河湖补水等生态环境用水，当有剩余时供给第二产业。

（4）计算时段划分：适应长系列计算要求，结合资料状况划分。

2. 运行原则

（1）地表水利用：受水区地表水利用指的是现状各水源工程的供水，地表水利用按照调整后的水源工程供给方案供给。

（2）地下水利用：当地表水与引汉济渭调水无法满足受水对象需水时，采用地下水进行供应，地下水利用以地下水最小开采量为准，为充分利用地下水库的调节功能，确保机井设备的利用率及供水实际需要，应保证必要的地下水开采量，但应尽量减少深层地下水的使用。

（3）引汉济渭调水：引汉济渭调水的运行规则是实行外调水与本地水联合调配。首先将调水量按照预先设定的分水方法供入相应的调水渠道，其计算公式为

$$P_i = \min(V_{i\max}, QC_i) \qquad (11-1)$$

式中：P_i 为第 i 条渠道的外调水量；$V_{i\max}$ 为渠道的最大过水能力；Q 为引汉济渭工程可调水量；C_i 为渠道分水比。分水后，根据受水对象的需水过程，结合当地水资源分配，当还有剩余调水量时，在受水对象间协调充分满足各受水对象的需求。

（4）再生水利用：对于再生水而言，因为其一般数量不大且供水对象单一，为减少计算的复杂性，将其每一时段看做是相同的。

11.2.3 受水区配置方法

11.2.3.1 目标函数

引汉济渭工程对渭河沿岸各城市和工业园区进行供水，对于该供水系统而言，需要协调系统内各水源工程供水与外调水之间的关系，对水资源进行合理的调配，在满足城镇生活供水保证率的前提下，使各受水对象缺水量之和最小，因此，其目标函数为

$$F = \min \sum_{t=1}^{T} \sum_{b}^{N} w(t, n) \qquad PG \geqslant 95\% \qquad (11-2)$$

式中：T 为长系列调节计算总时段数；N 为受水对象个数；$w(t, n)$ 为第 t 个时段第 n 个受水对象的缺水量；PG 为城镇生活供水保证率。

11.2.3.2 约束条件

（1）水量平衡约束：

$$V_{(m, t+1)} = V_{(m, t)} + (Q_{R(m, t)} - Q_{C(m, t)}) \Delta t \qquad (11-3)$$

式中：$V_{(m, t)}$，$V_{(m, t+1)}$ 分别为第 m 个水库 t 时段初、末水库库容，m^3；$Q_{R(m, t)}$ 为水库入库流量，m^3/s；$Q_{C(m, t)}$ 为水库出库流量，m^3/s。

（2）水位（库容）约束：

$$V_{\min(m, t)} \leqslant V_{(m, t)} \leqslant V_{\max(m, t)} \qquad (11-4)$$

式中：$V_{\min(m, t)}$ 为死水位对应的库容，m^3；$V_{\max(m, t)}$ 为水库时段 t 允许的最大库容，m^3。

（3）地下水供给约束：

$$W_{u(i, t)} = W_{ul(i, t)} + W_{ui(i, t)} + W_{ub(i, t)} \qquad (11-5)$$

式中：$W_{u(i, t)}$ 为第 i 个节点时段 t 的地下水总供水量；$W_{ul(i, t)}$ 为第 i 个节点时段 t 的城镇生活地下水供水量；$W_{ui(i, t)}$ 为第 i 个节点时段 t 的城镇生产地下水供水量；$W_{ub(i, t)}$ 为第 i 个节点时段 t 的城镇生态地下水供水量。

（4）输水管道约束：

$$Q_{G(1,t)} + Q_{G(2,t)} + \cdots + Q_{G(m,t)} + Q_y \leqslant Q_{Gmax} \tag{11-6}$$

式中：$Q_{G(m,t)}$ 为第 m 个水源 t 时段的引水流量；Q_y 为引汉济渭引水流量；Q_{Gmax} 为输水管道限制的过水流量。

（5）节点水量平衡约束：

$$W_{t(i,t)} = W_{l(i,t)} + W_{i(i,t)} + W_{b(i,t)} \tag{11-7}$$

式中：$W_{(i,t)}$ 第 i 个节点时段 t 的总供水量；$W_{l(i,t)}$ 为第 i 个节点时段 t 的城镇生活供水量；$W_{i(i,t)}$ 为第 i 个节点时段 t 的城镇生产供水量；$W_{b(i,t)}$ 第 i 个节点时段 t 的城镇生态供水量。

（6）节点水量连续约束：

$$W_{(i,t)} = W_{(i-1,t)} + W_{t(i,t)} - W_{d(i,t)} \tag{11-8}$$

式中：$W_{(i,t)}$ 为第 i 个节点 t 时段的剩余水量；$W_{(i-1,t)}$ 为第 $i-1$ 个节点 t 时段的剩余水量；$W_{t(i,t)}$ 为第 i 个节点时段 t 的总供水量；$W_{d(i,t)}$ 为第 i 个节点时段 t 的需水量。

（7）非负约束。上述各变量非负

11.2.3.3　配置方法

根据引汉济渭调水过程对当地地表水、当地地下水采用三次供需平衡进行配置，配置方法如下：

（1）当地地表水分配：在三次供需平衡计算中首先对各供水水源按照其各自供水对象，根据其多年平均供水量所占权重对各地表水源供水工程进行初次分配。

（2）引汉济渭调水分配：将引汉济渭调水按照既定分配规则进行分配。

（3）初次分配的地表水供水过程与引汉济渭调水无法满足受水对象缺水时，采用地下水进行补充。

（4）将各受水对象逐月配水过程进行三次供需平衡分析计算，逐月判断三次平衡后各受水点缺水过程是否合理，若有不合理现象，首先调整受水对象内部各供水水源的供水情况，其次调整受水对象间的供水；再次调整受水对象年内各月水量分配过程，使供水满足要求。

（5）两次分配完成后，判断各受水对象逐月逐年分配水量是否合理，三次平衡后各受水对象的供水保证率是否满足供水目标。如分配成果不满足要求或不合理，回到第四步继续调整，直至满足配水要求。

11.3　水资源供需平衡

11.3.1　供需平衡结果

由于引汉济渭来水不受当地水库调蓄影响，对引汉济渭水资源分配设定下列两种情景：

（1）按缺水占比进行水资源分配。

（2）按用水户优先次序按需分配。

按照确定的配置规则分别对引汉济渭受水区规划水平年进行水资源配置，2025 年配置结果见表 11-1 和表 11-2。按照缺水占比进行分配时，各受水对象均在不同程度上有一定的缺水，但与引汉济渭未调水之前相比，缺水情况已经明显改善；按需分配引汉济渭水量时，供水次序较前的对象基本能够达到供需平衡，但供水次序较后的供水对象，缺水状况完全无法改善。

表 11-1　　　　　　　　　2025 年情景一水资源供需平衡结果

受水对象	需水量/万 m³	受水区供水量/万 m³	引汉济渭配水量/万 m³	缺水量/万 m³	缺水率/%
西安	89794	53429	30256	6109	0.068
咸阳	14964	7300	6555	1109	0.074
长安	9489	2400	6063	1026	0.108
鄠邑	7035	1200	4991	844	0.120
周至	2558	800	1504	254	0.099
兴平	7473	2600	4168	705	0.094
沣西	8175	2400	4939	836	0.102
沣东	10459	4000	5524	935	0.089
秦汉	6019	600	4635	784	0.130
空港	6509	1200	4541	768	0.118
泾河	6814	1800	4289	725	0.106
泾渭工业园区	6934	400	5589	945	0.136
渭北工业园区	8718	500	7029	1189	0.136
合计	184941	79600	90100	15241	0.082

表 11-2　　　　　　　　　2025 年情景二水资源供需平衡结果

受水对象	需水量/万 m³	受水区供水量/万 m³	引汉济渭配水量/万 m³	缺水量/万 m³	缺水率/%
西安	89794	54400	35394	0	0.00
咸阳	14964	7300	7664	0	0.00
长安	9489	2400	7089	0	0.00
鄠邑	7035	1200	5835	0	0.00
周至	2558	800	1758	0	0.00
兴平	7473	2600	4873	0	0.00
沣西	8175	2400	5775	0	0.00
沣东	10459	4000	6459	0	0.00
秦汉	6019	600	5419	0	0.00
空港	6509	1200	5309	0	0.00
泾河	6814	1800	4600	414	0.06
泾渭工业园区	6934	400	0	6534	0.94
渭北工业园区	8718	500	0	8218	0.94
合计	184941	79600	90175	15166	

　　2030 年两种配水量分配方案均能够满足各受水对象的缺水量，甚至还有一部分剩余，

这表明引汉济渭调水 15 亿 m³（折算到受水区 13.5 亿 m³）后，基本满足受水对象的缺水量。能够有效改善受水区水资源短缺问题。

表 11 - 3   2030 年情景一水资源供需平衡结果   单位：万 m³

受水对象	需水量	当地可供水量	引汉济渭配水量	缺水量
西安	92568	61600	30968	0
咸阳	17118	7600	9518	0
渭南	17806	14400	3406	0
杨凌	4883	1400	3483	0
兴平	8303	2700	5603	0
武功	3454	600	2854	0
三原	5117	4100	1017	0
周至	2901	800	2101	0
鄠邑	8058	1300	6758	0
长安	9891	2500	7391	0
临潼	8738	2300	6438	0
高陵	2576	1300	1276	0
阎良	8883	4700	4183	0
富平	4668	2900	1768	0
华县	4466	1800	2666	0
沣西新城	8530	2500	6030	0
沣东新城	10768	3100	7668	0
秦汉新城	5950	1500	4450	0
空港新城	6594	2300	4294	0
泾河新城	7140	4900	2240	0
泾渭工业园区	6374	500	5874	0
渭北工业园区	9561	700	8861	0
合计	254347	125500	128847	0

表 11 - 4   2030 年情景二水资源供需平衡结果   单位：万 m³

受水对象	需水量	当地可供水量	引汉济渭配水量	缺水量
西安	92568	61600	32447	0
咸阳	17118	7600	9973	0
渭南	17806	14400	3569	0
杨凌	4883	1400	3649	0
兴平	8303	2700	5871	0
武功	3454	600	2990	0
三原	5117	4100	1066	0
周至	2901	800	2201	0
鄠邑	8058	1300	7081	0

续表

受水对象	需水量	当地可供水量	引汉济渭配水量	缺水量
长安	9891	2500	7744	0
临潼	8738	2300	6745	0
高陵	2576	1300	1337	0
阎良	8883	4700	4383	0
富平	4668	2900	1852	0
华县	4466	1800	2793	0
沣西新城	8530	2500	6318	0
沣东新城	10768	3100	8034	0
秦汉新城	5950	1500	4663	0
空港新城	6594	2300	4499	0
泾河新城	7140	4900	2347	0
泾渭工业园区	6374	500	6155	0
渭北工业园区	9561	700	9284	0
合计	254347	125500	135000	0

11.3.2 供需平衡结果分析

从两种配置情景的结果来看，引汉济渭调水后具有以下作用：

（1）降低了区域缺水率，促进了区域发展。通过受水区水资源配置，引汉济渭工程最明显的功效是降低了区域缺水率，缓解了关中城市群发展对水的迫切需求。受水对象的供需平衡情况来分析，可以看出未调水时受水区 2025 年、2030 年缺水率为 48.1%、46.6%，而通过引汉济渭工程，其缺水率下降为 8%，甚至不缺水。大大缓解了关中地区区域的缺水形势，解决了制约关中城市群发展的瓶颈问题。

（2）置换出了生态用水，抑制了生态环境的继续恶化。引汉济渭工程遏制了由于水资源开发利用过度引起的流域生态环境进一步恶化趋势：其一，一部分输水沿线的渗漏水直接补给了河道生态，有利于流域生态环境的改善；其二，受水区水资源配置过程中保障了一部分城镇生态用水，以用于改善城镇生态环境状况；其三，引汉济渭工程实施后，在进行水资源联合配置时，受水区当地水源工程可供水量均以保障河道生态基流为前提，从现状供水量中置换出了挤占生态环境用水的份额，受水对象范围内水源工程退还挤占生态水 1.29 亿 m³，有效地抑制了流域生态环境恶化。

（3）退换了挤占农业用水，对关中农业生产起着巨大的促进作用。引汉济渭工程实施后，通过受水区与调入水量进行水资源联合配置，供水范围内原来承担灌溉任务的水源工程，退还挤占农业水量 1.87 亿 m³，进一步保障关中地区粮食安全。

（4）退还了超采的地下水，抑制了环境地质问题的进一步恶化。引汉济渭工程实施后，受水区地下水实行总量控制，渭河沿线城市群减采地下水 2.73 亿 m³，并关停一部分自备井，可以有效地遏制由于过量开采地下水引发的一系列环境地质问题。

（5）增加了供水抗风险能力。项目实施后将形成完善的城市供水体系，改变目前小型、分散、自成体系、供水可靠性低的供水格局，大大提升了供水抗风险能力。

11.4 水资源供需平衡集成应用

区域水资源供需分析的最终目的是要提出本区域在不同发展时期水资源的长期供给的措施、方案和计划，其中的核心问题是要宏观控制住水资源的供需平衡。水资源供需平衡业务主要包括需水预测、可供水量预测以及供需平衡分析3部分内容。依据供需平衡分析的计算流程可将业务组件划分为需水预测、可供水量预测以及供需平衡分析3个大类。水资源供需平衡分析流程如图11-3所示。

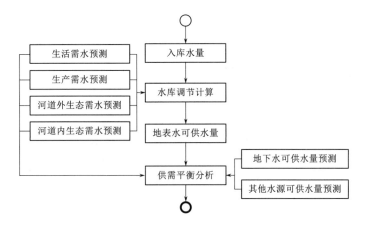

图11-3 水资源供需平衡分析流程

11.4.1 受水区配置模型业务化

依据引汉济渭水资源配置的三个层次、配水规则以及配置业务实现逻辑，将水资源配置业务组件化，通过流程化的方式连接各个业务组件，实现水资源配置业务，基于规则的水资源配置模型业务逻辑如图11-4所示。依据用户优先级实现各行业间的逐层配置计算。

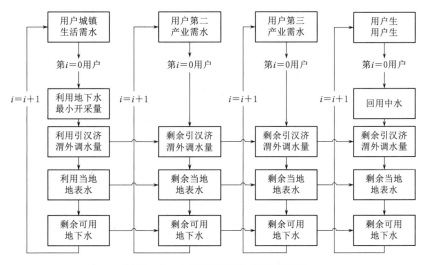

图11-4 水资源配置业务化逻辑图

11.4.2　数字水网与供需平衡分析耦合

依据构建的受水区数字水网以及需水预测、可供水量预测、供需平衡分析组件来构建水资源供需分析数字水网，建立数字水网结点和组件网结点的映射关系，实现基于数字水网的水资源供需分析业务应用。受水区水资源供需分析数字水网构建的主要任务是建立数字水网与业务组件网间的映射关系，通过映射关系连接数字水网和业务组件，将数字水网的供需关系与水资源供需模拟的业务计算流程进行耦合应用，实现水资源供需模拟。图11-5 以西安市供需平衡分析为例，建立数字水网与供需平衡业务组件网映射关系，将业务组件与相应的水源、用户、供水管道耦合，调整组件分别与水源、用户的调整按钮耦合，实现西安市供需平衡模拟。

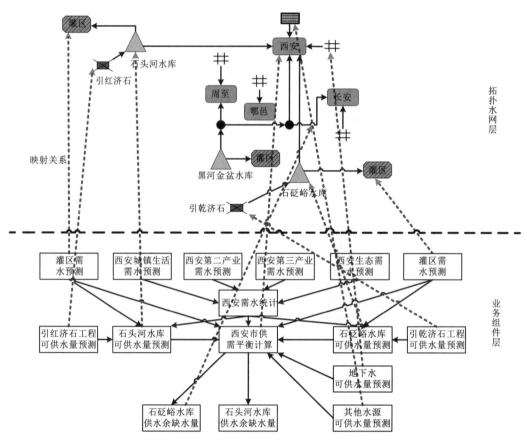

图 11-5　西安市水资源供需模拟数字水网与业务组件映射关系示意图

依据图11-5西安市供需平衡分析数字水网与业务组件耦合应用思路，搭建引汉济渭工程受水区水资源供需平衡分析数字水网，进行基于数字水网的供需分析模拟，应用界面如图11-6和图11-7所示。基于数字水网的水资源供需模拟系统构建，可通过简洁的方式增加、删除、升级组件改变应用系统功能，通过数字水网灵活的建立供水系统与需水系统的关系，使应用系统对业务的变化具有较强的适应能力。通过数字水网的供需模拟方式，解决了复杂水资源配置管理系统灵活性、适应性、可扩展性等难题。

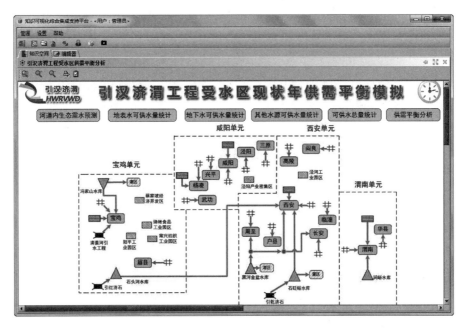

图 11-6 现状年引汉济渭工程受水区水资源供需模拟应用界面

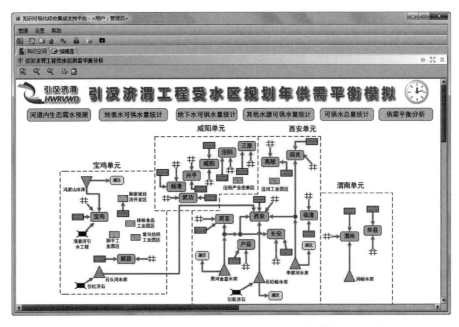

图 11-7 规划年引汉济渭工程受水区水资源供需模拟应用界面

11.4.3 供需平衡分析实例

1.2010 年供需平衡分析

根据现状年受水对象城市及工业园区需、供水量成果,现状年受水对象 5 个重点城市、12 个中小城市及 6 个工业园区总需水量 14.19 亿 m³;当地水源供水工程可供水量

9 亿～64 亿 m³，缺水量 5.55 亿 m³，缺水程度 39.13%；重点城市由于供水工程较为完善，缺水程度相对较低；中小城市及工业园区缺水率均超过 50%。受水对象现状年供需平衡成果见图 11-8。现状年供需平衡成果统计见图 11-9。

图 11-8　2010 年当地水源供需平衡分析结果

图 11-9　2010 年当地水源供需平衡分析结果统计

2.2025 年供需平衡分析

根据受水对象城市及工业园区需、供水量预测成果，2025 年 23 个受水对象总需水 25.58 亿 m³，水源工程总供水量 12.55 亿 m³，经供需平衡计算，总缺水量达到 13.03 亿 m³，缺水程度 50.94%。规划 2025 年受水对象二次供需平衡结果见图 11-10。

从受水对象来看，重点城市缺水量最大，为 9 亿～64 亿 m³，占总缺水量的 59%～65%；其次中小城市缺水量也高达 3.47 亿 m³；而工业园区由于缺乏规划的供水水源工程，缺水程度最为严重，高达 96.47%。西安市是缺水量最大的城市，缺水 4.09 亿 m³，占总缺水量的 31.35%。

3.2030 年供需平衡分析

2030 年 23 个受水对象总需水量较 2025 年增加了 3.63 亿 m³，达到 29.21 亿 m³，而

图 11-10　2025 年当地水源供需平衡分析结果

城市名称	水平年	需水量(亿)	地表水可供水量(...	地下水可供水量(...	其他可供水量(...	总供水量(亿...	余水量(亿...	缺水量(亿...	缺水程度(%)
西安	2025年	10.39	3.41	1.95	0.94	6.3	0	4.09	39.34
宝鸡	2025年	3.04	0.38	0.3	0.25	0.93	0	2.11	69.37
咸阳	2025年	2.45	0.65	0.58	0.15	1.38	0	1.07	43.64
胃南	2025年	1.71	1.01	0.25	0.15	1.41	0	0.3	17.54
杨麦	2025年	0.4	0.18	0.09	0.05	0.32	0	0.08	20.81
兴平	2025年	0.55	0.04	0.21	0.05	0.3	0	0.25	45.5
武功	2025年	0.27	0.02	0.04	0.02	0.08	0	0.19	70.03
眉县	2025年	0.28	0	0.07	0.01	0.08	0	0.2	71.15
周至	2025年	0.25	0	0.06	0.02	0.08	0	0.17	68.33
户县	2025年	0.7	0	0.07	0.05	0.12	0	0.58	82.84
长安	2025年	0.82	0.08	0.09	0.07	0.24	0	0.58	70.61
临潼	2025年	0.68	0	0.16	0.06	0.22	0	0.46	67.73
泾阳	2025年	0.29	0	0.11	0.02	0.13	0	0.16	55.59
三原	2025年	0.37	0	0.09	0.04	0.13	0	0.24	65.2
高陵	2025年	0.25	0.04	0.07	0.01	0.12	0	0.13	51.52
阎良	2025年	0.89	0.32	0.08	0.06	0.46	0	0.43	48.53
华县	2025年	0.26	0	0.15	0.03	0.18	0	0.08	31.03
高陵泾河工业园区	2025年	0.43	0	0	0	0	0	0.43	100
泾阳产业密集区	2025年	0.19	0	0	0	0	0	0.19	100
扶风绛帐食品工业园区	2025年	0.2	0	0	0	0	0	0.2	100
眉县常兴纺织工业园区	2025年	0.22	0	0	0	0	0	0.22	100
蔡家坡经济技术开发区	2025年	0.68	0	0	0.07	0.07	0	0.61	89.78
陈仓阳平工业园区	2025年	0.25	0	0	0	0	0	0.25	100
引汉济胃工程受水区	2025年	25.58	6.13	4.37	2.05	12.55	0	13.03	50.94

图 11-10　2025 年当地水源供需平衡分析结果

项目	水平年	需水量(亿m3)	地表水可供水量(亿m3)	地下水可供水量(亿m3)	其他水源可供水量(亿m3)	总供水量(亿m3)	余水(亿m3)	缺水(亿m3)	缺水程度(%)
重点城市	2025年	17.98	5.63	3.17	1.54	10.34	0	7.64	42.5
中小城市	2025年	5.61	0.5	1.2	0.44	2.14	0	3.47	61.88
工业园区	2025年	1.99	0	0	0.07	0.07	0	1.92	96.47
合计	2025年	25.58	6.13	4.37	2.05	12.55	0	13.03	50.94

图 11-11　2025 年当地水源供需平衡分析结果统计

城市名称	水平年	需水量(亿)	地表水可供水量(...	地下水可供水量(...	其他可供水量(...	总供水量(亿...	余水量(亿...	缺水量(亿...	缺水程度(%)
西安	2030年	11.35	3.41	1.95	1.03	6.39	0	4.96	43.7
宝鸡	2030年	3.26	0.51	0.3	0.27	1.08	0	2.18	66.92
咸阳	2030年	2.77	0.65	0.58	0.18	1.41	0	1.36	49.02
胃南	2030年	1.9	1.01	0.25	0.18	1.44	0	0.46	24.06
杨麦	2030年	0.46	0.18	0.09	0.05	0.32	0	0.14	30.05
兴平	2030年	0.8	0.04	0.21	0.06	0.31	0	0.49	61.33
武功	2030年	0.39	0.02	0.04	0.02	0.08	0	0.31	79.65
眉县	2030年	0.44	0	0.07	0.01	0.08	0	0.36	81.88
周至	2030年	0.35	0	0.06	0.02	0.08	0	0.27	77.41
户县	2030年	0.9	0	0.07	0.06	0.13	0	0.77	85.6
长安	2030年	0.97	0.08	0.09	0.08	0.25	0	0.72	74.34
临潼	2030年	1.05	0	0.16	0.07	0.23	0	0.82	77.99
泾阳	2030年	0.47	0	0.11	0.02	0.13	0	0.34	72.13
三原	2030年	0.54	0	0.09	0.04	0.13	0	0.41	75.87
高陵	2030年	0.36	0.04	0.07	0.02	0.13	0	0.23	64.1
阎良	2030年	0.99	0.32	0.08	0.06	0.46	0	0.53	53.76
华县	2030年	0.37	0	0.15	0.03	0.18	0	0	51.47
高陵泾河工业园区	2030年	0.27	0	0	0	0	0	0.27	100
泾阳产业密集区	2030年	0.24	0	0	0	0	0	0.24	100
扶风绛帐食品工业园区	2030年	0.3	0	0	0	0	0	0.3	100
眉县常兴纺织工业园区	2030年	0.16	0	0	0	0	0	0.16	100
蔡家坡经济技术开发区	2030年	0.6	0	0	0.09	0.09	0	0.51	84.94
陈仓阳平工业园区	2030年	0.26	0	0	0	0	0	0.26	100
引汉济胃工程受水区	2030年	29.21	6.26	4.37	2.29	12.92	0	16.29	55.77

图 11-12　2030 年当地水源供需平衡分析结果

当地水源总供水量由 2025 年的 12.55 亿 m^3 增加到 12.92 亿 m^3，仅增加了 0.37 亿 m^3，供需平衡计算后，总缺水量为 16.29 亿 m^3，较 2025 年增加 3.26 亿 m^3，缺水程度高达 55.77%。规划 2030 年 23 个受水对象供需平衡分析成果见图 11－12。

从受水对象来看，重点城市缺水量最大，约 9.09 亿 m^3，占总缺水量的 55.83%；其次中小城市缺水量也高达 5.46 亿 m^3；而工业园区由于缺乏规划的供水水源工程，缺水程度最为严重，高达 95.08%。缺水量最大的受水对象为西安市，总缺水量 4.96 亿 m^3，占总缺水量的 30.45%。规划 2030 年 23 个受水对象供需平衡分析成果见图 11－13。

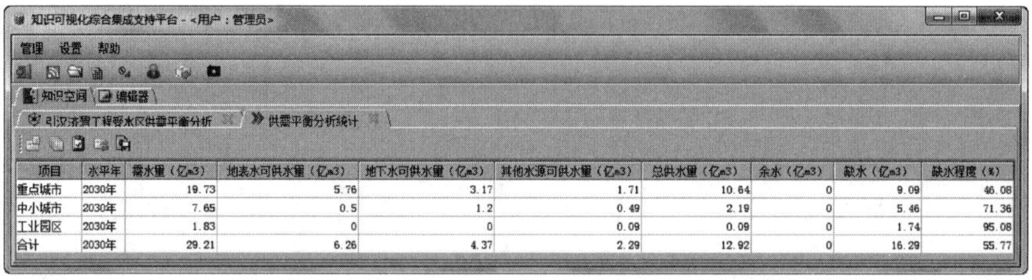

项目	水平年	需水量（亿m3）	地表水可供水量（亿m3）	地下水可供水量（亿m3）	其他水源可供水量（亿m3）	总供水量（亿m3）	余水（亿m3）	缺水（亿m3）	缺水程度（%）
重点城市	2030年	19.73	5.76	3.17	1.71	10.64	0	9.09	46.08
中小城市	2030年	7.65	0.5	1.2	0.49	2.19	0	5.46	71.36
工业园区	2030年	1.83			0.09	0.09	0	1.74	95.08
合计	2030年	29.21	6.26	4.37	2.29	12.92	0	16.29	55.77

图 11－13　2030 年当地水源供需平衡分析结果统计

第12章

基于数字水网的受水区
水资源优化配置

水资源是生态环境系统中最活跃、影响最广泛的控制性要素之一，是人类生存和社会发展的必要物质基础，水资源也是不可替代的基础性自然资源，也是战略性的经济资源，在国民经济生产中占有至关重要的地位，是衡量一个国家综合国力的定性指标[228-229]。目前，随着人口的增长和社会经济的发展，水资源问题已经逐渐成为社会经济发展与生态环境保护的"瓶颈"，但是可利用的水资源是有限的，国家之间、区域之间、部门之间、不同人群之间的用水纠纷和矛盾日益明显，将来甚至有可能演变为全球矛盾冲突的导火线，如何合理的、有效的、公平的分配水资源，提高水资源的利用效率，是解决水危机的有效途径，是实现区域可持续发展的基础[230]。通过水资源优化配置可以缓解区域的供需矛盾，是促进区域经济、社会、资源可持续发展的有效手段。水资源配置问题可以定义如下：

$$\begin{cases} \min \quad F(X) = [f_1(X), f_2(X), \cdots, f_m(X)] \\ st. \qquad\qquad\qquad X \in \Omega \end{cases} \qquad (12-1)$$

式中：$\Omega \in R^n$ 是决策空间的可行域；$X = \{x_1, x_2, \cdots, x_n\} \in \Omega$ 是决策变量；$F(X): x \rightarrow R^n$ 定义了 m 个由决策空间向目标空间的映射函数。水资源配置问题不能指望一个解决方案能同时最优化所有的目标，所以各个目标之间的最佳折中方案成为帕累托最优，决策空间和目标空间中所有的帕累托最优解的集合分别称为帕累托解集（PS）和帕累托前沿（PF）[219]。由于获得整个 PF 非常耗时，人们主要研究通过多目标优化算法在 PF 上确定数量的帕累托最优解决方案。

凭借在单次运行中就可生成一组帕累托最优解的优势，演化算法（EA）被认为在解决 MOP 方面应用非常成功。自 Schaffer 开创性地开展进化多目标优化（EMO）[231] 研究以来，许多专家学者对多目标进化算法（MOEA）进行了研究，开发了许多多目标进化算法。依据 Coello[232] 对 EMO 的概述，可将传统的 MOEA 按其特征分为两代。像 MOGA[233]、NPGA[234] 和 NSGA[235] 一样，第一代 MOEA 的特点是使用基于非支配排序和适应性共享的选择机制来维持多样性。第二代 MOEA，与 SPEA[236]、SPEA2[237]、PAES[238]、PESA[239]、PESA-Ⅱ[240] 和 NSGA-Ⅱ[241] 类似都使用了精英选择策略。这一时期的 MOEA 框架与 NSGA-Ⅱ框架大致相同，然而，近年来在这个领域已经有了许多新的研究成果。Zhang 和 Li[241] 开发了基于分解的多目标进化算法 MOEA/D，在 MOEA/D 中，目标 MOP 被分解为许多同时优化的单目标优化子问题。人工免疫系统（AIS）是一种受生物免疫系统启发，模仿自然免疫系统功能的一种智能方法，成为用于处理科学和工程问题的计算工具，在故障诊断、计算机安全、模式识别、优化调度等方面被广泛应用。越来越多的研究表明，进化算法与人工免疫算法相比，人工免疫算法在优化计算领域可以保持较好的种群多样性，不易陷入局部最优[243]。就多目标优化而言，Coello 和 Cortes 提出的 MISA 算法是第一次尝试使用人工免疫系统解决一般的多目标优化问题[243]。Hu 提出了一种基于多亲和度的免疫系统模型用于求解多目标优化问题[244]。Gong 等提出了一种基于邻域的非支配选择（NNIA）的多目标免疫算法，该算法由一种新的非支配邻域选择策略，基于拥挤距离的比例克隆，模拟二叉交叉和静态超变异算子[245]。当使用多目标优化技术解决水资源配置问题时，所获得的非支配解对决策者来说并不是都有用，因为在得到所有非支配解后，决策者通过方案评价选择满足偏好需求的配置方案。对于多目标优化算法来说，寻求决策者不感兴趣的非支配解是在浪费计算资源。因此，结合偏好信息引导搜索 PF 向着偏好的区域搜索的算法对解决带有偏好信息的问题是更有效的。根据算法与决策过程的交互时间，多目标优化方法可以分为先验式，后验式和交互式[247]。

本章基于水资源配置决策过程考虑对水资源配置目标的偏好信息，提出一种基于偏好的决策选择算子，引导搜索趋向于帕累托前沿决策目标偏好的区域，把更多的计算资源用于寻求偏好区域的帕累托最优解。将基于偏好的选择算子和免疫优化技术结合，提出基于偏好的多目标免疫算法（MOIA-PS），通过 MOIA-PS 对多目标水资源配置问题进行求解，获得一组优选的帕累托最优解，它位于帕累托前沿的偏好区域，而不是像大多数现有方法那样找到整个帕累托前沿的良好近似最优解集。

12.1 多目标优化配置模型

从经济、社会、生态环境三个优化目标入手，以期实现区域综合效益最大化，建立多目标水资源优化配置模型如下。

（1）经济目标：通过受水区供水净效益最大来反映区域水资源配置的高效性。

$$\max f_1 = \sum_{j=1}^{J} \sum_{k=1}^{K} \sum_{t=1}^{T} \left(\sum_{i=1}^{I} b_{jk} Q_{ijkt} - \sum_{i=1}^{I} c_{ijk} Q_{ijkt} \right) \qquad (12-2)$$

式中：b_{jk} 为第 j 个分区第 k 个用水部门的供水效益，元/m³；c_{ijk} 为第 i 个供水水源对第 j 个分区第 k 个用水部门的供水费用，元/m³。

（2）社会目标。通过区域各分区各用户缺水量最小来反映区域水资源配置的公平性。

$$\max f_2 = -\min \sum_{j=1}^{J} \sum_{k=1}^{K} \sum_{t=1}^{T} \alpha_{jk} \left(\frac{D_{jkt} - \sum_{i=1}^{I} Q_{ijkt}}{D_{jkt}} \right)^2 \qquad (12-3)$$

式中：D_{jkt} 为规划水平年第 j 分区第 k 用水部门第 t 时段的蓄水量；D_{ijkt} 为规划水平年第 i 供水水源给第 j 分区第 k 用水部门第 t 时段的供水量。

（3）生态环境目标（COD）。通过区域 COD 排放量之和最小来反映水资源配置的可持续性。

$$\max f_3 = -\min \sum_{j=1}^{J} \sum_{k=1}^{K} \sum_{t=1}^{T} 0.001 d_{jk} p_{jk} \sum_{i=1}^{I} Q_{ijkt} \tag{12-4}$$

式中：d_{jk} 为第 j 分区第 k 用户单位废水排放量中 COD 的浓度，mg/L；p_{jk} 为第 j 分区第 k 用户污水排放系数。

约束条件：

（1）可供水量约束：

$$\sum_{j=1}^{J} \sum_{k=1}^{K} Q_{ijkt} \leqslant W_{it} (i=1,2,\cdots,I; t=1,2,\cdots,T) \tag{12-5}$$

式中：$\sum_{j=1}^{J} \sum_{k=1}^{K} Q_{ijkt}$ 为第 i 供水水源对第 j 分区第 k 用水部门第 t 时段的供水量；W_{it} 为规划水平年内第 i 个供水水源第 t 时段的可供水量。

（2）需水约束：

$$\sum_{i=1}^{I} Q_{ijkt} \leqslant D_{jkt} (j=1,2,\cdots,J; k=1,2,\cdots,K; t=1,2,\cdots,T) \tag{12-6}$$

式中：$\sum_{i=1}^{I} Q_{ijkt}$ 为 I 个供水水源对第 j 分区第 k 用水部门第 t 时段的供水量。

（3）供水能力约束：

$$\sum_{k=1}^{K} Q_{ijkt} \leqslant Q_{\max ij} (i=1,2,\cdots,I; j=1,2,\cdots,J; t=1,2,\cdots,T) \tag{12-7}$$

式中：$Q_{\max ij}$ 为第 i 供水水源对第 j 分区的输水工程过水能力。

（4）工程运行可行域约束：

$$Q_{ijkt} \in S_i (i=1,2,\cdots,I; j=1,2,\cdots,J; k=1,2,\cdots,K; t=1,2,\cdots,T) \tag{12-8}$$

式中：S_i 为第 i 供水水源调节计算时的约束域，如水库运行的水位限制条件等。

（5）变量非负约束：

$$Q_{ijkt} \geqslant 0 (i=1,2,\cdots,I; j=1,2,\cdots,J; k=1,2,\cdots,K; t=1,2,\cdots,T) \tag{12-9}$$

12.2　多目标优化配置模型求解

12.2.1　基于决策偏好的多目标优化算法（MOIA-PS）

12.2.1.1　偏好目标的柔性模糊满意度

通过常用算法求解多目标优化问题得到的是一个非劣解的集合，任何的非劣解都可以作为多目标优化问题的最优解，且很难直接比较两个非劣解的优劣，多目标优化问题的决策结果往往取决于决策者的偏好需求。这种偏好需求决策者往往不能通过确定的语言进行描述，通常使用"尽可能接近""不低于""不超过"等这样带有柔性特点的语言进行描述，鉴于以上问题，通过模糊数学理论，将决策者对每个目标函数的偏好值看作为一个模糊数，建立各个目标函数的模糊满意度隶属度函数，用来描述决策者对各个目标的偏好需求。针对本书构建的水资源配置多目标优化模型，对各个优化目标的偏好描述为：

（1）经济目标：针对水资源配置的多目标优化模型的经济目标，决策者偏好于"区域供水净效益尽可能大，并接近理想的经济效益值"：$U_{min} \leqslant f_1(X) \rightarrow U_{max}$，其中，$U_{min}$ 为决策者接受的区域供水净效益的最小值，U_{max} 为决策者接受的区域供水净效益的理想最大值，构造决策者满意度隶属函数如下：

$$u[f_1(X), U_{min}, U_{max}] = \begin{cases} 1 & f_1(X) \geqslant U_{max} \\ \dfrac{f_1(X) - U_{min}}{U_{max} - U_{min}} & U_{max} > f_1(X) \geqslant U_{min} \\ < 0 & f_1(X) < U_{min} \text{ 拒绝} \end{cases} \quad (12-10)$$

式中：$u[f_1(X), U_{min}, U_{max}]$ 为决策者对决策变量 $f_1(X)$ 的满意度隶属函数；$f_1(X)$ 为区域供水净效益目标函数。

（2）社会目标、生态环境目标。针对水资源配置的多目标优化模型的社会目标、生态环境目标，决策者偏好于"区域各用户缺水量尽可能小，并接近区域各用户总缺水量的下限值""区域 COD 排放量尽可能小，并接近区域 COD 排放量的下限值"：$C_{max} \geqslant f_2(X) \rightarrow C_{min}$，其中，$C_{max}$ 为决策者接受的区域各用户总缺水量（区域 COD 排放量）的理想上限值，C_{min} 为决策者接受的区域各用户总缺水量（区域 COD 排放量）的最低下限值，构造决策者满意度隶属函数如下：

$$u[f_2(X), C_{min}, C_{max}] = \begin{cases} 1 & f_2(X) \leqslant C_{min} \\ \dfrac{C_{max} - f_2(X)}{C_{max} - C_{min}} & C_{max} \geqslant f_2(X) > C_{min} \\ < 0 & f_2(X) > C_{max} \text{ 拒绝} \end{cases} \quad (12-11)$$

式中：$u[f_2(X), C_{min}, C_{max}]$ 为决策者对决策变量 $f_2(X)$ 的满意度隶属函数；$f_2(X)$ 为区域各用户缺水量目标函数（区域 COD 排放量目标函数）。通过这类偏好需求定义为：$-C_{max} \leqslant C(X) \rightarrow C_{min}$，和经济目标函数的满意度隶属函数进行统一。

（3）针对决策者的偏好需求为"目标函数尽可能接近某一偏好点"的情况，即：$f_3(X) \rightarrow b_0$，定义这一偏好点的阈值区间为：$f_3(X) \in [b_0 - d^-, b_0 + d^+]$，构造决策者满意度隶属函数如下：

$$u[f_3(X), b_0, d^-, d^+] = \begin{cases} \dfrac{f_3(X) - (b_0 - d^-)}{d^-} & f_3(X) \in [b_0 - d^-, b_0] \\ \dfrac{(b_0 + d^+) - f_3(X)}{d^+} & f_3(X) \in [b_0, b_0 + d^+] \\ < 0 & f_3(X) \notin [b_0 - d^-, b_0 + d^+] \end{cases}$$

$$(12-12)$$

式中：$u[f_3(X), b_0, d^-, d^+]$ 为决策者对决策变量 $f_3(X)$ 的满意度隶属函数；$f_3(X)$ 为水资源多目标优化模型的任一目标函数。

通过以上对水资源配置模型目标函数的满意度隶属函数的定义可以看出，$u(z)$ 是水资源配置模型目标 $f_i(X)$ 的函数，又是水资源配置模型目标 $f_i(X)$ 偏好范围区间的函数。当 $u(z) < 0$ 时，说明决策目标函数值超出了决策者偏好的范围区间；当 $u(z) = 0$ 时，说

明决策目标函数值处于决策者偏好区间的下限；当 $u(z)=1$ 时，说明决策目标函数值已经达到决策者偏好的最佳效果；在 $u(z)=1$ 的情况下，继续提高目标函数值 $f_i(X)$，该水资源配置方案的某一目标会得到很大程度上的满足，但由于在这种情况下已经超出了决策者偏好的理想值，其实对于决策者来说，并没有改善对决策目标的满意度，反而造成了一定资源的浪费。因此，可以得出决策者满意度的决策区间为 $0 \leqslant u(z) \leqslant 1$，如图 12-1 所示。

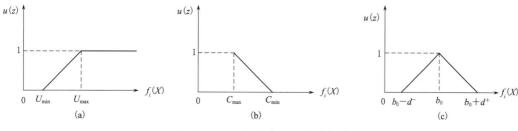

图 12-1 决策满意度区间示意图

12.2.1.2 提出基于偏好的决策选择算子

依据上一节设置的决策目标的柔性模糊满意度，依据决策者对不同决策目标的偏好需求，将决策偏好选择的快速非支配排序方法引入到多目标免疫算法中，用于解决多目标水资源配置决策问题。

1. 快速非支配排序策略

快速非支配排序是在进行选择操作之前，需要根据所有个体的非支配情况对种群中的每个个体进行排序。快速非支配排序的基本原理为：首先，在种群中选择所有的非支配个体，并将其划分为统一登记，序值为 1；然后将序值为 1 的个体移出，再在剩余的个体中找出新的非支配个体，令其序值为 2；以此类推，直至种群中的所有个体都被排序。

快速非支配排序方法排序步骤如下：

（1）找出种群中 $n_i=0$ 的非支配个体放入非支配个体集合 F_1 中，n_i 为种群中支配个体 i 的数目。

（2）依次找出 F_1 中每个个体所支配的个体，放入集合 S_i 中，S_i 表示种群中被个体 i 支配的个体的集合，令 $n_i=n_i-1$，若 $n_i=0$，则将此个体放入集合 H 中。

（3）定义 F_1 为第一层非支配集合，将 F_1 中每个个体标记相同的非支配序列 i_{rank}。

（4）对集合 H 中的个体，依次重复以上（1）、（2）和（3）步骤，直至将所有个体分层为止。

2. 拥挤度概念

拥挤度的概念是 Deb 等提出来的，假设用 i_d 表示种群中第 i 个个体周围的密度，如图 12-2 所示，虚线围成的长方形表示了个体 i 周围的密度。

拥挤度的原理描述如下：

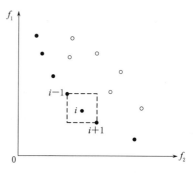

图 12-2 拥挤距离示意图

（1）对于种群的 Pareto 解集 I，令 $l=|I|$（其中 I 表示集合中的个体数）。

（2）对于种群中任一个体 i，令即 $I[i]_{distance}=0$，即假设个体 i 的初始拥挤度值为零。

（3）对 I 中每个个体进行非支配排序，即两两个体进行比较是否存在支配关系。然后在任一目标函数 m 中，求出个体 i 对于目标函数 m 的拥挤度值 $I[i]m$。

（4）设定 $I[i]_{distance}=I[l]_{distance}=\infty$，这样可使边界上的点与其他点选比较。

（5）令 $I[i]_{distance}=I[l]_{distance}+\dfrac{I[i+1]m-I[i-1]m}{f_m^{max}-f_m^{min}}$，$i$ 从 2 到 $l-1$ 开始循环。

3. 提出基于偏好的决策选择算子

基于快速非支配排序策略和拥挤度概念提出基于偏好的决策选择算子：

生成一个大小为 x_i^- 的种群 pop，通过基于偏好选择算子得到一个新的种群 pop'，pop' 的种群大小最大只能是 N_2。

输入：U_{min}，U_{max}，pop，N_1，N_2（或者 b_0，d，pop，N_1，N_2，依据偏好需求而定）

输出：pop'

步骤 1：计算 pop 种群中的每组个体 $A_s=[Q_{ijkt}]_{i\times m}$（$s=1,2,\cdots,N_1$，$Q_{ijkt}$ 为规划水平年第 i 供水水源给第 j 分区第 k 用水部门第 t 时段的供水量，m 为第 i 供水水源的 Q_{ijkt} 的个数）的决策目标函数值 $f_i(A_s)$，选择满足决策偏好条件：$U_{min}\leqslant f_i(A_s)\leqslant U_{max}$（或者 $b_0-d^-\leqslant f_i(A_s)\leqslant b_0+d^+$，依据偏好需求确定）的个体构成一个新的种群 p'。

步骤 2：如果 p' 的种群大小小于 N_2，$pop'=p'$，输出 pop'。否则继续步骤 3。

步骤 3：定义 $f_1=u(z)$，$f_2=1/CD[u(z)]$，计算 p' 中每个个体 A_j（$j=1,2,\cdots,N'$，N' 是种群 p' 的种群大小）的 f_1、f_2，其中，$CD[u(z)]$ 指的是 p' 中每组个体 A_j 的拥挤距离，$u(z)$ 指的是上节定义的决策目标满意度隶属函数。

步骤 4：把 f_1、f_2 看作是种群 p' 的两个目标函数，通过快速非支配排序后，选择 N_2 个个体构成的新的种群 pop'，输出 pop'。

12.2.1.3　建立基于选择算子的 MOIA – PS 决策算法

在本节中，将新提出的基于偏好的选择算子引入到非支配领域免疫算法（NNIA）的框架中，开发一种多目标免疫算法，并采用基于偏好的选择的非支配领域免疫算法来进行水资源优化配置。NNIA 是一种有效且强大的多目标优化问题免疫算法，抗体编码和适应度函数如下：

给定一个抗体种群 P，种群中每个个体 $A=[q_{ijkt}]_{i\times m}=[Q_{ijkt}]_{i\times m}$，$[q_{ijkt}]_{i\times m}$ 是 $[Q_{ijkt}]_{i\times m}$ 的实数编码，因此，A 必须在可行域 Ω 中，定义抗体 A 的亲和力为种群 P 中的拥挤距离：

$$Affinity(A\mid P)=CD(A,P) \tag{12-13}$$

$$CD(A,P)=\sum_{i=1}^{k}\frac{\zeta_i(A,P)}{f_i^{max}-f_i^{min}} \tag{12-14}$$

式中：f_i^{max} 和 f_i^{min} 表示第 i 个目标函数的最大最小值；Bd_i 表示第 i 个目标函数的边界抗体集合：

$$Bd_i=\{A\mid A\in P,\forall A'\in P:f_i(A)=\min\{f_i(A')\}\text{or}\max\{f_i(A')\}\}$$

$$\tag{12-15}$$

$$D_A = \min\{f_i(A') - f_i(A'') \mid A, A', A'' \in P, A \notin Bd_i : f_i(A'') < f_i(A) < f_i(A')\}$$
$$(12-16)$$

$$\zeta_i(A, P) = \begin{cases} 2 \times \max\{D_{A'}\} & A, A' \in P, A \in Bd_i, A' \notin Bd_i \\ D_A & \text{其他} \end{cases} \quad (12-17)$$

利用抗体 A 在种群 P 中的拥挤距离，可以估计周围抗体的密度。群体距离越大的抗体会有更高的亲和力，并且更有可能存活和繁殖。

基于上面的编码方案，提出了 MOIA – PS 算法：

输入：Max_{FE} 为最大函数评价次数，n_D 表示优势种群规模的最大值，n_A 表示活性种群规模的最大值，cs 表示克隆种群规模。

输出：D_{t+1}，近似 pareto 最优集。

步骤 1：初始化，产生一个大小为 n_D 的抗体种群 $p_0 = (A^1, \cdots, A^{n_D})$，设置初始活性种群 $V_0 = \phi$ 和克隆种群 $C_0 = \phi$，令 $t = 0$。

步骤 2：更新优势种群，从当前的种群 p_t 中选择 n_A 个体，通过以下步骤形成活性种群 V_t。

步骤 2.1：在 p_t 中识别出优势抗体（非支配抗体），复制所有的优势抗体形成临时优势抗体种群（表示为：TP）；如果 TP 规模不大于 n_A，令 $V_t = TP$，进行步骤 3。否则，执行步骤 2.2。

步骤 2.2：将算法 1 中描述的基于偏好的选择算子应用在 TP 中，产生个体数最大为 n_A 的 TP，标记 TP' 的大小为 N_{TP}。如果 $N_{TP} < n_A$，将 TP' 添加到 V_t 中，并在 $TP - TP'$ 选择剩余的抗体 $n_A - N_{TP'}$，通过快速非支配排序形成 V_t，然后进入步骤 3。否则，令 $V_t = TP'$，执行步骤 3。

步骤 3：比例克隆：对 V_t 进行比例克隆得到克隆种群 C_t；第 i 个抗体克隆的大小和他的亲和力成正比，通过下式进行计算：

$$q_i = \left\lceil cs \times \frac{Affinity(A^i \mid V_t)}{\sum_{j=1}^{n_A} Affinity(A^i \mid V_t)} \right\rceil \quad (12-18)$$

其中 $i = 1, 2, \cdots, n_A$，n_A 是 n_A 的种群大小，$\lceil x \rceil$ 返回最小的整数不小于 x，抗体亲和力通过公式（12 – 13）计算。

步骤 4：免疫遗传操作，对 C_t 进行重组和超变异操作，产生 C'_t。

步骤 5：更新种群，通过使用非支配排序方法，从 $p_t \cup C'_t$ 选择 n_D 抗体，构成 p_{t+1}。

步骤 6：终止判断，如果 $t \geq \text{Max}_{FE}$，输出 p_{t+1} 作为算法的输出结果，算法结束。否则，$t = t + 1$。

选择算子是多目标优化算法的关键研究内容之一。选择的本质是计算资源的分配。在提出的 MOIA – PS 算法中，抗体的生存能力由三个方面决定，包括非支配等级、拥挤距离和决策目标偏好的满意度，该算法的关键创新是根据水资源配置多目标优化问题的决策偏好信息，开发决策选择算子。

12.2.2　NNIA 算法

NNIA 是一种非邻域选择免疫进化算法，主要模拟人工免疫系统中多样性抗体共生，少数抗体激活的现象的一种智能算法，算法流程如图 12-3 所示。

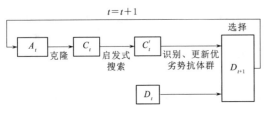

图 12-3　非支配领域免疫算法流程

算法：

输入：最大迭代次数 $G_{\max}$、优势抗体群规模 n_D、激活抗体群规模 n_A、克隆抗体群规模 n_C。

输出：最终近似的 Pareto 最优解 $D_{G_{\max}+1}$。

步骤 1：初始化种群及各参数。随机产生一个大小为 n_D 的抗体种群 B_0，令 $D_0=\phi$，$A_0=\phi$，$C_0=\phi$，$t=0$。

步骤 2：更新优势抗体群 D_{t+1}。在 B_t 中选择出优势抗体，临时存储在 TD_{t+1} 中。如果 TD_{t+1} 的规模不大于 n_D，将 TD_{t+1} 全部复制到 D_{t+1} 中；否则，计算 TD_{t+1} 中所有抗体的拥挤距离，选择出拥挤距离较大的前 n_D 个抗体复制到 D_{t+1} 中。

步骤 3：终止判断。如果计数器 $t \geq G_{\max}$，将优势抗体群 D_{t+1} 输出作为算法结果，算法结束；否则，$t=t+1$。

步骤 4：基于非支配领域的选择。如果 D_t 的规模不大于 n_A，将 D_t 全部复制到 A_t 中；否则，计算 D_t 中所有抗体的拥挤距离，选择出拥挤距离较大的前 n_A 个抗体复制到 A_t 中。

步骤 5：按比例克隆。对 A_t 进行克隆操作，得到克隆抗体群 C_t。

步骤 6：搜索新抗体。对 C_t 进行重组和超变异操作，产生新的克隆抗体群 C_t'。

步骤 7：合并 C_t' 和 D_t，得到抗体种群 B_t，跳转至步骤 2。

12.3　多目标优化配置业务化实现

根据多目标水资源优化配置模型的计算逻辑关系，进行多目标优化配置模型进行组件划分，分为：水资源优化配置模型组件（NNIA、MOIA_PS 两个算法）、算法参数组件、模型参数组件、算法选择、水资源配置方案、需水预测结果组件、可供水量预测结果组件等，组件划分如图 12-4 所示。

依据前文介绍的组件开发、封装、发布方法，以及对多目标水资源优化配置的组件划分结果，进行组件开发、封装与发布，供水资源配置业务系统定制使用。表 12-1 所示为水资源调配主要组件，通过实时计算配置模拟方案的区域缺水率和供水效益以及手动调节供水方案的方式调节区域用户间的供水矛盾，进行配水决策模拟。

表 12-1　　　　　　　　　水资源优化配置主要组件

序　号	组　件　名　称	序　号	组　件　名　称
1	水资源优化配置模型	5	水资源配置方案
2	算法参数组件	6	需水预测结果组件
3	模型参数组件	7	可供水量预测结果
4	算法选择		

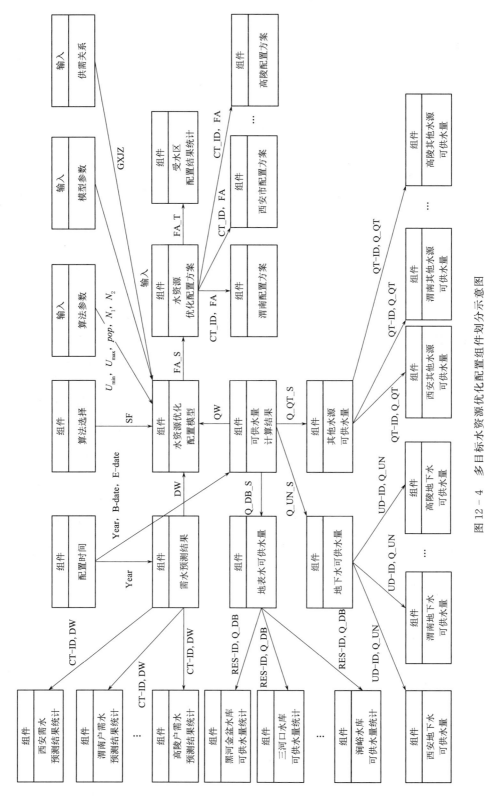

图 12 - 4 多目标水资源优化配置组件划分示意图

12.4 数字水网与多目标优化配置耦合

基于数字水网的水资源配置系统搭建主要工作是建立数字水网和水资源配置组件业务网间的映射关系，以 2025 年引汉济渭工程受水区水资源配置系统为例，在前面构建的数字水网和业务组件网的基础上，建立映射关系，如图 12-5 所示。

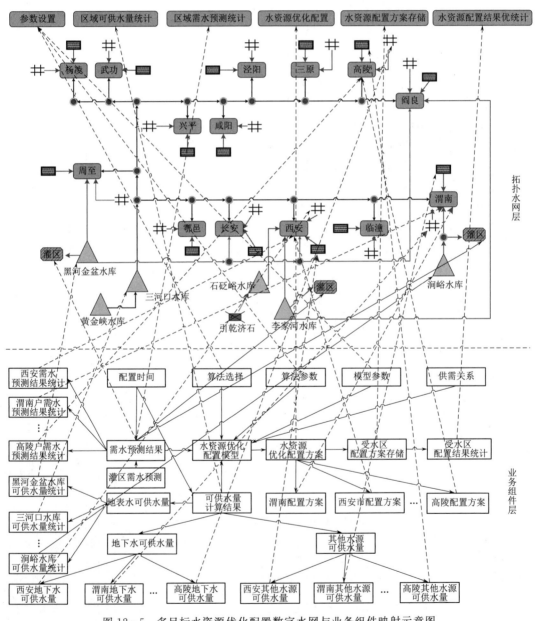

图 12-5 多目标水资源优化配置数字水网与业务组件映射示意图

　　根据引汉济渭工程受水区构建的数字水网和水资源配置业务组件网，通过数字水网获取供需关系，构建供需关系矩阵，在供需预测的结果上建立各用户结点和需水预测组件、各用户结点和水资源配置方案组件、各水源与水源可供水量预测组件、各统计结点与各统计分析组件间的映射关系，构建 2025 年、2030 年引汉济渭工程受水区水资源优化配置数字水网，进行水资源优化配置应用，2025 年、2030 年引汉济渭工程受水区水资源优化配置应用界面如图 12-6 和图 12-7 所示。

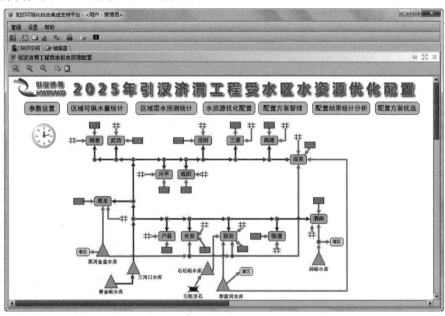

图 12-6　2025 年引汉济渭工程受水区水资源配置界面

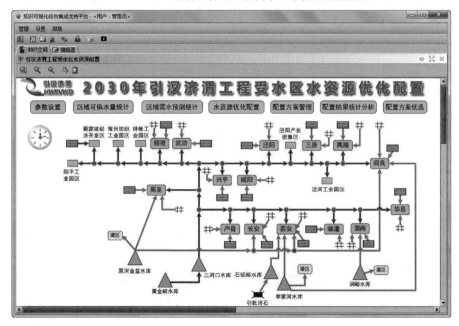

图 12-7　2030 年引汉济渭工程受水区水资源配置界面

基于数字水网的水资源优化配置业务化应用模式可以灵活搭建水资源调配系统，可通过组建的增加、删除、升级以及不同的组合应用方式，能够快速适应水资源调配业务的变化。通过数字水网、业务化技术改变传统水利应用系统开发模式，解决了复杂水资源配置管理系统灵活性、适应性、可扩展性等难题。

12.5　水资源优化配置实例应用

单击"参数设置"按钮，进行优化算法参数设置，如图 12-8 所示。以 MOIA-PS 算法为例，将 3 目标的水资源配置 MOIA-PS 优化算法的参数设置如下：优势种群最大值为 55，活性种群最大值为 50，克隆种群大小为 45，算法的停止准则是总函数的评价次数达到 15000，设置决策目标为：社会目标，设置偏好情景即可进行 MOIA-PS 优化计算。

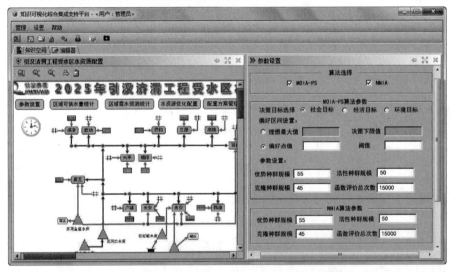

图 12-8　算法参数设置界面

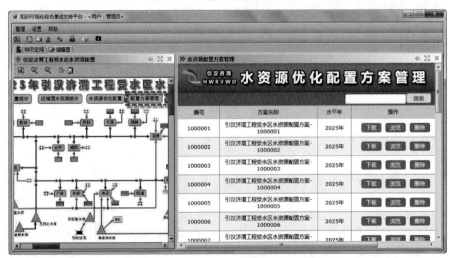

图 12-9　水资源配置方案管理界面

单击"水资源优化配置"按钮，通过本节提出的基于偏好的选择算子，可以指导针对偏好 PF 区域的水资源配置问题的多目标优化算法的搜索，引导 MOIA - PS 的主要寻优计算区域趋向于满足最终配置方案向某一决策偏好区域，从而提供更多决策者偏好的候选配置方案，得到优化配置方案集。单击"配置方案管理"按钮，可对方案集内的方案进行浏览、下载、删除操作，管理界面如图 12 - 9 所示。

单击"浏览"可查看相应的优化配置方案，如图 12 - 10 所示。

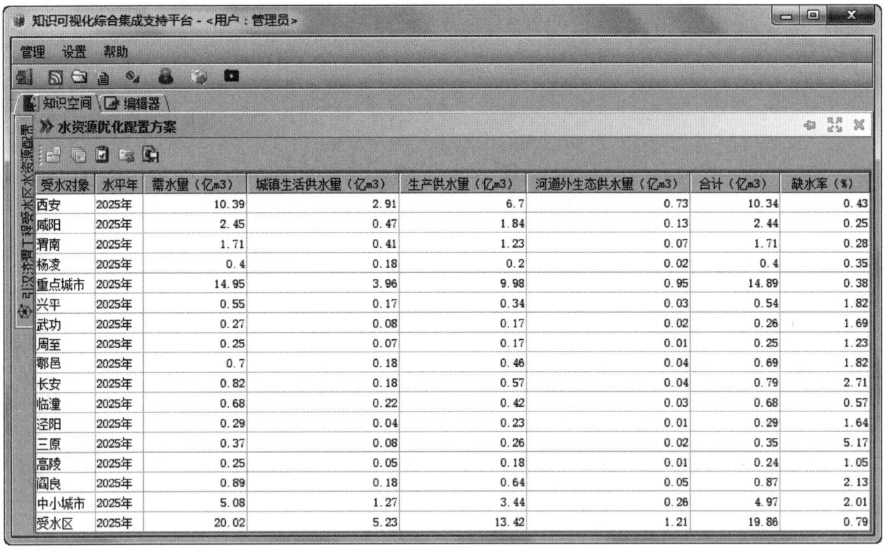

受水对象	水平年	需水量（亿m3）	城镇生活供水量（亿m3）	生产供水量（亿m3）	河道外生态供水量（亿m3）	合计（亿m3）	缺水率（%）
西安	2025年	10.39	2.91	6.7	0.73	10.34	0.43
咸阳	2025年	2.45	0.47	1.84	0.13	2.44	0.25
渭南	2025年	1.71	0.41	1.23	0.07	1.71	0.28
杨凌	2025年	0.4	0.18	0.2	0.02	0.4	0.35
重点城市	2025年	14.95	3.96	9.98	0.95	14.89	0.38
兴平	2025年	0.55	0.17	0.34	0.03	0.54	1.82
武功	2025年	0.27	0.08	0.17	0.02	0.26	1.69
周至	2025年	0.25	0.07	0.17	0.01	0.25	1.23
鄠邑	2025年	0.7	0.18	0.46	0.04	0.69	1.82
长安	2025年	0.82	0.18	0.57	0.04	0.79	2.71
临潼	2025年	0.68	0.22	0.42	0.03	0.68	0.57
泾阳	2025年	0.29	0.04	0.23	0.01	0.29	1.64
三原	2025年	0.37	0.08	0.26	0.02	0.35	5.17
高陵	2025年	0.25	0.05	0.18	0.01	0.24	1.05
阎良	2025年	0.89	0.18	0.64	0.05	0.87	2.13
中小城市	2025年	5.08	1.27	3.44	0.26	4.97	2.01
受水区	2025年	20.02	5.23	13.42	1.21	19.86	0.79

图 12 - 10 2025 年引汉济渭工程受水区水资源配置方案

第13章

受水区水资源优化配置方案优选

本章应用 NNIA、基于偏好选择算子的 MOIA－PS 决策算法获得引汉济渭工程受水区不同水平年下的多目标水资源配置方案的非劣解集。对于决策者来说，多目标优化配置方案的优选问题是本章研究的重点。

在水资源优化配置的实践工作中，水资源合理配置决策者和专家学者们根据区域水资源现状，遵循有效性、公平性和可持续性的原则，通过建立水资源合理配置模型，采用多目标优化的方式，对有限的、不同形式的水资源在各用水户、各行业之间进行时间和空间上的科学分配，生成一系列水资源优化配置方案，即非劣方案，专家学者通过方案优选模型进行方案决策，得到最佳水资源配置方案，从而合理解决各用水部门和各用水行业之间的竞争用水问题，提高水资源的利用效率。水资源配置方案优选主要涉及以下几方面的问题：

（1）决策者和专家学者依据区域的资源、环境、社会和经济需求进行水资源配置方案优选，因此水资源配置方案优选的过程是一个由多人共同参与决策分析，并共同制定决策方案的过程，该过程体现了"群决策"的概念。

（2）决策者、专家学者在进行水资源配置方案优选时，需要考虑配置方案带来的社会、经济、环境、资源效益，体现了"多属性"的概念，因此配置方案的优选问题是一个多属性决策问题。

（3）由于决策者、专家学者的知识储备和经验累积不同，加之个人的地位、偏好等的差异，在参与配置方案优选的过程中，对同一方案的评判往往存在很强的不确定性，这种不确定性主要表现为"主观"不确定性，主观不确定性主要指对信息理解的不确定性。

综上所述，水资源配置方案优选问题是一个多属性群决策问题。因此，结合多属性决策理论、群决策理论来讨论水资源配置方案优选问题。

13.1 水资源优化配置方案优选

13.1.1 水资源配置方案优选的指标体系

水资源配置方案综合效益优选要从社会经济、生态环境、资源利用等方面对水资源配置方案进行优选排序，需要建立一个方案优选指标体系，为决策者提供方案优选的统一标尺。方案优选指标体系是从科学、客观的角度出发，尽可能全面地反映水资源配置方案所要达到的效益及目的，能够从不同的方面反映出水资源配置方案的优点和弊端，决策者才能依据水资源配置方案优选指标体系进行方案优选，从而选择总体效果最佳或最满意的方案，由此可见，建立科学、客观、合理的评价指标体系，是水资源配置方案评价的关键[248]。

13.1.1.1　配置方案优选指标集的构建

引汉济渭调水工程运行管理的主要目的是实现系统内水资源的优化配置，解决水资源在用水部门之间、在各地区之间的水资源配置问题。引汉济渭工程管理决策的参与者众多，且各管理主体对工程目标有不同的偏好，在对水资源配置进行决策时，不仅要考虑受水区的缺水情况、用水效率和投资者的利益问题，还要考虑工程的各种效益，可见跨流域调水系统的水资源配置是一个典型的多属性的群决策问题。

1. 配置方案优选指标体系的结构

因为跨流域水资源配置方案优选要考虑水资源配置方案在社会经济、生态环境、资源利用等方面的效益，是一个典型的半结构化、多层次、多属性的决策问题。选用四层结构来描述配置方案的优选指标体系，即目标层、准则层、指标层和方案层。引汉济渭工程关中受水区水资源配置方案评价指标体系结构图如图 13-1 所示。

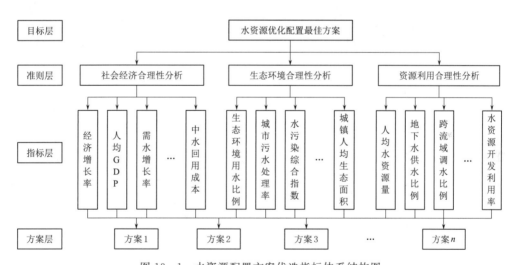

图 13-1　水资源配置方案优选指标体系结构图

（1）目标层。引汉济渭工程关中受水区水资源配置方案优选的目的在于在综合考虑社会经济、生态环境、资源利用 3 个方面的效益时对水资源配置方案进行优劣排序，得到最优的水资源配置方案，为引汉济渭工程关中受水区的水资源可持续开发利用提供决策依据。

（2）准则层。水资源配置方案优选准则主要包括社会经济、生态环境、资源利用三个方面，社会经济合理性优选准则主要体现在该水资源配置方案社会经济效益对水资源的依赖程度；生态环境合理性优选准则主要体现该水资源配置方案下生态环境的健康程度；水资源利用合理性准则主要体现该水资源配置方案下水资源的可持续发展的合理程度。

（3）指标层。指标层是以社会经济、生态环境、资源利用三个准则为指标选取的原则，选择相应的方案优选指标来反映社会经济、生态环境、资源利用准则，并通过指标的量化来具体实现方案优选。

（4）方案层。方案层指的是由水资源多目标优化配置得到的非劣方案集。

2. 配置方案优选指标体系

由于水资源配置方案优选考虑水资源配置方案在社会经济、生态环境、资源利用等方面的效益，因此，水资源配置方案优选不仅要考虑水资源可持续利用程度，还要考虑人口、社会经济、生态环境等方面的影响因素。只有需要考虑社会经济、生态环境、资源利用三个方面的因素的相互作用带来的效益影响，才能综合判断决策出最合适引汉济渭工程关中受水区的水资源配置方案。分析社会经济、生态环境、资源利用三个优选准则，确定引汉济渭工程受水区水资源配置方案综合效益优选指标，见表 13－1。

表 13－1 水资源配置方案评价指标体系

评价准则	评价指标	指标表征	计算公式及单位
经济合理性	经济增长率	区域经济增长情况	本年度 GDP 的增加额/上年度 GDP/%
	人均 GDP	区域经济发展水平	GDP/总人口/（元/人）
	需水增长率	地区用水需求增长速度基本生活用水方面的水平	（现状年需水量－基准年需水量）/基准年需水量/%
	第一产业产值占 GDP 比重	产业结构状况	第一产业 GDP/GDP/%
	第二产业产值占 GDP 比重	产业结构状况	第二产业 GDP/GDP/%
	第三产业产值占 GDP 比重	产业结构状况	第三产业 GDP/GDP/%
	单方水 GDP	经济发展用水状况	GDP/需水量/（万元/m³）
	单方水工业产值	工业水资源的利用效益	工业产值/需水量/（万元/m³）
	单方水农业产值	农业用水效益	农业产值/需水量/（万元/m³）
	单方水三产产值	第三产业用水效益	第三产业产值/需水量/（万元/m³）
	调水供水成本	调水供水成本	外调水供水成本＝外调水供水量×单方外调水供水成本/（万元/m³）
	中水回用成本	中水供水成本	中水回用成本＝中水回用量×单方中水回用成本/（万元/m³）
生态环境合理性	生态环境用水比例	反映生态环境的重视程度	生态环境用水量/总用水量/%
	城市污水处理率	城市污水处理状况	城市污水处理量/城市污水总量/%
	水污染综合指数	水体受污染状况	受污染水体总量/水资源总量
	生态环境缺水率	生态系统对水资源的需求	生态环境缺水量/生态环境用水量/%
	地下水超采率	地下水承载能力的破坏程度	地下水超采量/地下水可开采量/%
	城镇人均生态面积	城市生态特征	城镇内水面与绿地面积/城镇人口/（km²/人）

评价准则	评价指标	指标表征	计算公式及单位
资源利用合理性	人均水资源量	水资源对人口的承载关系	水资源总量/总人口/（m³/人）
	地下水供水比例	对地下水资源利用量	地下水供水量/总供水量/%
	跨流域调水比例	对外区域水资源的利用	外调水供水量/总供水量/%
	水资源开发利用率	水资源总体开发利用程度	（地表水可供水量＋地下水可供水量）/水资源总量/%
	工业用水重复利用率	节水水平	重复用水量/总用水量/%
	地表水资源开发程度	地表水资源开发利用程度	地表水年供水量/地表水年水资源量/%
	地下水资源开发利用程度	地下水资源开发利用程度	地下水年供水量/地下水年水资源量/%
	地下水供水比例	地下水资源开发利用程度	地下水供水量/总供水量/%
	供水结构	地表水供水量与地下水供水量的比例	地表水可供水量/地下水可供水量（不包括外调水和其他水源）
	农业用水定额	农业用水水平	农业总用水量/灌溉面积/（m³/亩）
	工业用水定额	工业用水水平	工业总用水量/工业 GDP/（m³/万元）
	生活用水定额	反映人口素质与节水状况	生活总用水量/生活用水人口/（L/人）
	供水量模数	区域供用水强度	总供（用）水量/供水面积/（万 m³/km²）
	农业用水比例	反映用水结构	农业用水/总用水量/%
	工业用水比例	反映用水结构	工业用水/总用水量/%
	生活用水比例	反映用水结构	生活用水/总用水量/%
	生态用水比例	反映用水结构	生态用水/总用水量/%

13.1.1.2 配置方案优选指标筛选

水资源配置方案优选指标筛选主要目的是在建立的水资源配置方案合理优选指标体系中，筛选出能够显著影响水资源配置方案优选排序，并且反映的优选信息重叠度低的水资源配置方案优选指标。

1. 指标筛选原则

在进行水资源配置方案优选指标筛选时，应遵循以下原则：

（1）首选要遵循水资源配置方案优选指标体系建立的原则。

（2）在进行指标筛选时应该科学、全面的考虑水资源配置方案优选的社会经济、生态环境、资源利用三个准则，选择具有代表性方案优选指标，并且在进行指标筛选时要考虑指标值是否易于获取。

（3）删除与水资源配置方案的配置目标不一致的优选指标，剔除反映配置目标信息较少的指标。

2. 指标筛选方法

依据水资源配置目的和原则，进行理论分析，通过专家咨询法进行指标筛选，通过专家学者对优选指标进行反复的调整、讨论筛选，不断完善方案优选指标集，直到筛选出能让集体满意的、合理的方案优选指标集，具体过程流程图如图 13-2 所示。

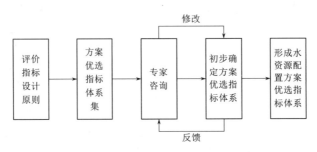

图 13-2 方案优选指标筛选流程图

13.1.2 群决策特征根法（GEM）确定指标权重

采用群决策特征根法（GEM）确定方案优选指标权重，群组决策特征根法（Group Eigenvalue Method，简称 GEM 法），它是邱苑华教授于 1996 年提出来的，群决策特征根法是依据专家群体的经验与知识，通过数学方法处理，能够较好地克服群决策层次分析法判断矩阵的不一致性问题，并且群决策特征根法计算步骤简单、方便。

13.1.2.1 群决策特征根法概述

GEM 法能够较好地克服群众 AHP 法中判断矩阵不一致的问题。假设由 m 个专家学者组成的群决策组 G，表示为：$S_1, S_2, \cdots, S_m$，对 n 个目标进行评价 $P_1, P_2, \cdots, P_n$，第 i 个专家 S_i 对第 j 个被评目标 P_j 的评分值记为

$$x_{ij} \in [I, J] (i=1,2,\cdots,m; j=1,2,\cdots,n) \tag{13-1}$$

x_{ij} 的值越大，表示 P_j 目标越优。S_i 及其群组 G 的评分组成 n 维列向量 x_i 和 $m \times n$ 阶矩阵 X：

$$x_i = (x_{i1}, x_{i2}, \cdots, x_{in})^{\mathrm{T}} \in E^n \tag{13-2}$$

$$X = \begin{bmatrix} x_{11} & x_{12} & \cdots & x_{1n} \\ x_{21} & x_{22} & \cdots & x_{2n} \\ \vdots & \vdots & \cdots & \vdots \\ x_{m1} & x_{m2} & \cdots & x_{mn} \end{bmatrix} = [x_{ij}]_{m \times n} \tag{13-3}$$

由于决策组中，每位专家学者的专业水平、知识经验积累和专业综合实力不一致，而且每位专家学者的决策偏好不同，在进行决策时，能够进行绝对正确决策的专家是不存在的，因此，假设一位决策水平最高的专家 S^*，认为他的决策时最理想的、最优的，把他的评分向量记为

$$S^* = (x^{*1}, x^{*2}, \cdots x^{*n})^{\mathrm{T}} \in E^n \tag{13-4}$$

由于专家群组 G 的成员都是相关专业里专业水平较高的专家，可以认为理想专家 S^* 与专家群组 G 的决策结论一致，即：专家群组 G 与理想专家 S^* 间的决策差异最小。通过个体评分向量和群体评分向量的夹角来反映出个体之间的差异，因此理想专家 S^* 的评分

向量与群里专家的评分向量之间的差异是最小的，GEM 法的本质就是寻求理想（最优）专家 S^* 的评分向量 x^*，经推导得出理想专家 S^* 的评分向量 x^* 即为矩阵 $F = X^{\mathrm{T}}X$ 对应于其最大特征根 $\rho_{\max}$ 的正特征向量。

13.1.2.2 群决策特征根法计算步骤

首先构造评分矩阵，评分矩阵是由群体 G 中的 m 专家直接对 n 个被评分目标打分的评分值组成，评分矩阵为

$$X = [x_{ij}]_{m \times n} = (x_{i1}, x_{i2}, \cdots, x_{in})^{\mathrm{T}} \in E^n \tag{13-5}$$

$$X = \begin{bmatrix} x_{11} & x_{12} & \cdots & x_{1n} \\ x_{21} & x_{22} & \cdots & x_{2n} \\ \vdots & \vdots & \cdots & \vdots \\ x_{m1} & x_{m2} & \cdots & x_{mn} \end{bmatrix} \tag{13-6}$$

式中，$x_{ij} \in [I, J](i=1,2,\cdots,m; j=1,2,\cdots,n)$ 第 i 个专家 S_i 尽对第 j 个被评价目标 P_j 的评分值。

其次将评分矩阵转置自乘记为矩阵 F，即 $F = X^{\mathrm{T}}X$，F 的最大特征根对应的特征向量就是最终的评价指标的权向量。在精度要求为 ε 的条件下，采用数值代数中的幂法可十分迅速地求出理想专家 S^* 的评分向量 x^*。具体算法如下。

（1）令 $k=0$，则：

$$y_0 = \left[\frac{1}{n}, \frac{1}{n}, \cdots, \frac{1}{n}\right]^{\mathrm{T}} \in E^n \tag{13-7}$$

则 $y_1 = Fy_0$，$z_1 = \dfrac{y_1}{\|y_1\|_2}$。

（2）令 $k=1,2,\cdots$，$y_{k+1} = Fz_k$，则：

$$z_{k+1} = \frac{y_{k+1}}{\|y_{k+1}\|_2} \tag{13-8}$$

（3）用 $|z_k \rightarrow z_{k+1}|$ 表示 z_k 与 z_{k+1} 对应分量之差的绝对值最大者，判断 $|z_k \rightarrow z_{k+1}| < \varepsilon$。若是 z_{k+1} 即为所求的 x^*；否则转（2）。

将 x^* 做归一化处理，得：

$$W = (w_1, w_2, \cdots, w_n)^{\mathrm{T}} \tag{13-9}$$

该方法只需各专家对被评目标进行打分，依据 GEM 法，先求出每个优选指标的权向量，然后，将各个指标的权向量合成总目标的组合权重即可。

13.1.3 水资源配置方案优选模型

13.1.3.1 灰色关联度分析法

灰色关联分析法也是目前广泛应用的一种综合评价方法，核心是基于关联度分析所作出对评价方案的优劣排序，具体评价计算步骤如下：

（1）构造评价参考序列与评价矩阵。设有 m 个优选方案，每个评价方案均有 n 个评价指标，则单个评价方案序列可表示为

$$X_i = (C_{i1}, C_{i2}, \cdots, C_{in}) \quad (i=1,2,\cdots,m) \tag{13-10}$$

其中，$C_{i1}, C_{i2}, \cdots, C_{in}$ 代表第 i 个配置方案的各优选指标计算值。

参考序列可表示为

$$X_0 = (C_{01}, C_{02}, \cdots, C_{0n}) \tag{13-11}$$

其中，$C_{01}, C_{02}, \cdots, C_{0n}$ 表示每个优选指标在所有备选方案中的最优值。

（2）对理想方案的数据与备选方案的数据进行无量纲化处理。

（3）关联系数 γ_{ij} 的计算。灰色关联系数是灰色关联分析法评价的关键。其公式为

$$\gamma[X_0(C_{0n}), X_i(C_{in})] = \frac{\min_m \min_n |X_0(C_{0n}), X_i(C_{in})| + \rho \max_m \max_n |X_0(C_{0n}), X_i(C_{in})|}{|X_0(C_{0n}), X_i(C_{in})| + \rho \max_m \max_n |X_0(C_{0n}), X_i(C_{in})|}$$

$$\tag{13-12}$$

式中：ρ 为分辨系数，$0 < \rho < 1$，一般取 $\rho = 0.5$。根据邓聚龙教授的定义，当 ρ 取值越小越能使关联系数之间的差异变得更显著。由式（13-12）可计算得各个评价方案的各个指标值的关联系数，可以用矩阵表示为

$$E = (\gamma)_{mn} \begin{bmatrix} \gamma_{01} & \gamma_{02} & \cdots & \gamma_{0n} \\ \gamma_{11} & \gamma_{12} & \cdots & \gamma_{13} \\ \gamma_{21} & \gamma_{22} & \cdots & \gamma_{23} \\ \vdots & \vdots & \vdots & \vdots \\ \gamma_{m1} & \gamma_{m2} & \cdots & \gamma_{m3} \end{bmatrix} \tag{13-13}$$

式中：γ_{ij} 为第 i 个评价方案的第 j 个评价指标与其所有备选方案最优值的关联系数，该值越大表示这个评价指标与最优值越接近。

（4）计算关联度，进行综合评价排序。计算公式为

$$U = wE^{\mathrm{T}} \tag{13-14}$$

式中：w 为各评价指标的权重。由式（13-14）计算得各个方案的综合关联度 $U = \{u_1, u_2, \cdots, u_n\}$，评价方案的关联度 u_j 最大的方案为最优方案，u_j 按从大到小的顺序进行排列，可得所有评价方案的优劣排序。

13.1.3.2 基于灰色关联度的 TOPSIS 排序法

基于灰色关联度的 TOPSIS 排序法是在计算 TOPSIS 的相对贴近度时，同时考虑灰色关联度，该方法的具体过程如下：

（1）设有 n 个优选方案，每个评价方案均有 m 个评价指标，构造决策矩阵 $Y = (y_{ij})_{n \times m}$，并将决策矩阵进行归一化后为 $Z = \{z_{ij}\}_{n \times m}$，则：

$$z_{ij} = \frac{y_{ij}}{\sqrt{\sum_{i=1}^{n} y_{ij}^2}} \tag{13-15}$$

（2）通过群决策特征根法计算权向量：

$$w = (w_1, w_2, \cdots, w_n)^{\mathrm{T}} \tag{13-16}$$

（3）确定最优理想方案 x^* 和最不理想方案 x^0。

设最优理想方案的第 j 个属性值为 x_j^*，最不理想方案 x^0 的第 j 个属性值为 x_j^0，得到：

$$x^* = \{x_j^* \mid j = 1, 2, \cdots, m\} \tag{13-17}$$

$$x^0 = \{x_j^0 \mid j = 1, 2, \cdots, m\} \tag{13-18}$$

其中，最优理想方案为：$x_j^* = \min_i x_{ij}(i=1,2,\cdots,n;j=1,2,\cdots,m)$；最不理想方案为：$x_j^0 = \min_i x_{ij}(i=1,2,\cdots,n;j=1,2,\cdots,m)$

（4）计算备选方案集中各个方案与最优理想方案和最不理想方案之间的距离：

$$D^* = \{d_j^* \mid j=1,2,\cdots,m\} \tag{13-19}$$

$$D^0 = \{d_j^0 \mid j=1,2,\cdots,m\} \tag{13-20}$$

方案 x_i 到最优理想方案的距离为

$$d_j^* = \sqrt{\sum_{j=1}^m w(z_{ij}-x_j^*)^2}, i=1,2,\cdots,n \tag{13-21}$$

方案 x_i 到最不理想方案的距离为

$$d_j^* = \sqrt{\sum_{j=1}^m w_j(z_{ij}-x_j^*)^2}, i=1,2,\cdots,n \tag{13-22}$$

（5）计算备选方案与理想方案之间的灰色关联度：

$$h_{ij}^* = (\min_i \min_j \Delta_{ij}^* + \xi \max_i \max_j \Delta_{ij}^*) / (\Delta_{ij}^* + \xi \max_i \max_j \Delta_{ij}^*) \tag{13-23}$$

$$h_{ij}^0 = (\min_i \min_j \Delta_{ij}^0 + \xi \max_i \max_j \Delta_{ij}^0) / (\Delta_{ij}^0 + \xi \max_i \max_j \Delta_{ij}^0) \tag{13-24}$$

其中，$\Delta_{ij}^* = |z_{ij}-x_i^*|$；$\Delta_{ij}^0 = |z_{ij}-x_i^0|$，$\xi$ 取 0.5。

则灰色关联度向量表示为

$$H^* = \{h_j^* \mid j=1,2,\cdots,n\} \tag{13-25}$$

$$H^0 = \{h_j^0 \mid j=1,2,\cdots,n\} \tag{13-26}$$

（6）对距离与灰色关联度进行无量纲化处理：

$$e_i^* = \frac{\min_i d_i^*}{d_i^*}, e_i^0 = \frac{\min_i d_i^0}{d_i^0} \tag{13-27}$$

$$g_i^* = \frac{h_i^*}{\min h_i^*}, g_i^0 = \frac{h_i^0}{\min h_i^0} \tag{13-28}$$

（7）计算基于灰色关联度的 TOPSIS 法的相对贴近度 $C^+ = \{c_j^+ \mid i=1,2,\cdots,n\}$：

$$C_i^* = \alpha e_i^* + (1-\alpha)g_i^* \tag{13-29}$$

$$C_i^0 = \alpha e_i^0 + (1-\alpha)g_i^0 \tag{13-30}$$

（8）计算各个备选方案与最优理想方案和最不理想方案之间的相对贴近度，即综合评价指数。表示为

$$C_i^+ = \frac{c_i^*}{c_i^0 + c_i^*}, i=1,2,\cdots,n \tag{13-31}$$

（9）将 c_i^+ 进行排序，c_i^+ 中的最大值即为最优方案，因为 c_i^+ 越大越接近最优理想方案，c_i^+ 越小越接近最不理想方案。

13.1.3.3 模糊综合评判法

模糊综合评判法是在考虑复杂的影响因素的条件下进行的综合客观的优选排序的方法，模糊综合评判法的计算步骤如下：

（1）确定模糊综合评判因素集。模糊综合评判因素集为：$U = \{u_1, u_2, \cdots, u_m\}$，$m$ 为优选指标个数。

（2）确定评价标准。假设评价标准为：$V = \{v_1, v_2, \cdots, v_n\}$。

（3）进行单因素模糊评价。各因素的模糊评价就是方案优选专家组成员，给出指标 u_1 在等级 v_j 上的隶属度 r_{ij}，得到第 i 个指标 u_i 的单因素评判集 $r_i = (r_{i1}, r_{i2}, \cdots, r_{in})$。

（4）构造评判矩阵，将评判矩阵与权重进行模糊矩阵复合运算。将 m 个单因素评判集组合构造出总的评判矩阵 R：

$$R = (r_{ij})_{m \times n} = \begin{bmatrix} r_{11} & r_{12} & \cdots & r_{1n} \\ r_{21} & r_{22} & \cdots & r_{2n} \\ \vdots & \vdots & \ddots & \vdots \\ r_{m1} & r_{m2} & \cdots & r_{mn} \end{bmatrix} \tag{13-32}$$

将 R 与权数分配集 $A = (a_1, a_2, \cdots, a_m)$ 进行模糊合成得到最终模糊决策集 $B = (b_1, b_2, \cdots, b_n)$，即 $B = A * R$，$*$ 为算子符号，依据最大隶属原则，最大的 b_i 所对应的 x_i 即为最优的决策，按照 b_i 的大小进行排序，对应的 x_i 的优劣顺序即为最终的评价结果。

13.1.3.4 多方法优选结果组合评价

通过上述色关联度分析法、基于灰色关联度的 TOPSIS 排序方法以及模糊综合评判法 3 种方法，得到三组方案优选的顺序，通过组合评价对三个方法的优选结果进行组合排序，常用的方法有"少数服从多数"法、Borda 法、Compeland 法等，采用 Borda 法进行组合预测。

13.2 水资源优化配置方案优选业务化实现

通过应用 NNIA、基于偏好选择算子的 MOIA-PS 决策算法均可以获得引汉济渭工程受水区不同水平年下水资源配置方案的非劣解集，通过水资源配置方案优化模型实现方案决策，并在决策的过程中考虑水资源配置多决策者和专家学者参与的群决策特点，通过群决策层次分析法进行专家群组评价指标权重的确定，将此业务进行业务化，主要包括评价指标权重确定、方案优选以及结果分析 3 个重要部分，业务组件划分如图 13-3 所示。

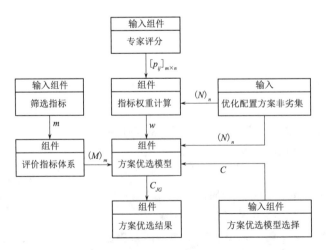

图 13-3 水资源配置方案优选业务组件划分

依据前文介绍的组件开发、封装、发布方法,以及对多目标水资源优化配置方案优选的组件划分结果,进行组件开发、封装与发布,供水资源配置方案优选业务系统定制使用,水资源配置方案优选主要组件见表13-2。

表 13-2 水资源配置方案优选主要组件

序　号	组　件　名　称	序　号	组　件　名　称
1	专家评分组件	4	评价指标权重计算组件
2	评价指标权重计算组件	5	方案优选模型选择组件
3	指标筛选组件	6	方案优选结果分析组件

基于综合服务平台,绘制引汉济渭工程受水区水资源优化配置方案优选知识图,定制上诉组件,构建水资源优化配置方案优选系统,如图13-4所示,该界面通过水资源优化配置界面的"配置方案优选"按钮进入。

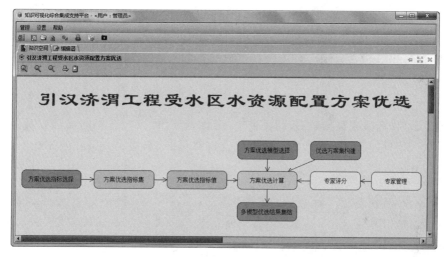

图 13-4　引汉济渭工程受水区水资源优化配置方案优选

13.3　多属性群决策水资源优化配置方案优选业务化应用

13.3.1　水资源配置方案集设置

本节应用 NNIA、基于偏好选择算子的 MOIA-PS 决策算法均可以获得引汉济渭工程受水区不同水平年下的多目标水资源配置方案的非劣解集。不同的水资源优化配置方案涉及供水区、需水区以及社会、经济、生态等各个方面的利益差别,在实际进行水资源优化配置方案决策时,需要考虑配置区域的利益倾向,区域发展格局等,通常这些非劣解方案之间相互竞争,并且这些方案之间无法进行直接的比较。因此水资源配置方案优选就是决策者在考虑已有的决策信息的情况下,依据评价指标进行非劣方案的排序,最终可以获得令决策者满意的配置方案。因此,最终的配置方案的确定是多方面博弈、权衡的结果[249]。通过第8章得到的引汉济渭工程受水区水资源优化配置非劣解方案集,通过优选集建立界面选择优选的水资源配置方案,如图13-5所示,在选择时单击"查看"可查看具体方案内容。

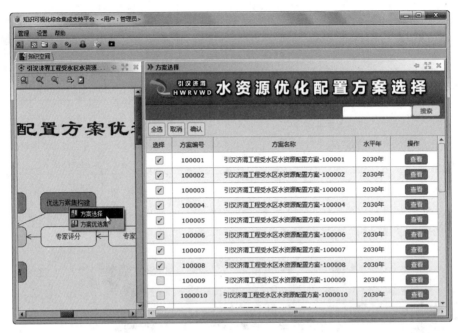

图 13-5　水资源配置方案优选集建立界面

通过单击"优选方案集构建"按钮下的"方案优选集"可以对选择的优选方案进行查看，选择的优选方案集如图 13-6 所示。构建优选方案集时，选择了方案在帕累托前沿上的均匀分布下的 8 个方案。

配置方案编号	水平年	需水量（亿m3）	城镇生活供水量（亿m3）	生产供水量（亿m3）	河道外生态供水量（亿m3）	合计（亿m3）
100001	2030年	25.5	6.47	17.24	1.62	25.33
100002	2030年	25.5	6.47	14.79	1.85	23.11
100003	2030年	25.5	6.47	15.43	2.01	23.91
100004	2030年	25.5	6.47	16.67	1.45	24.59
100005	2030年	25.5	6.47	16.23	2.43	25.13
100006	2030年	25.5	6.47	13.69	2.02	22.18
100007	2030年	25.5	6.47	14.65	1.97	23.09
100008	2030年	25.5	6.47	15.62	1.78	23.87

图 13-6　构建的水资源配置方案优选集

13.3.2　水资源配置方案优选指标及权重确定

在确定指标评分专家时应尽量选择长期工作于水资源配置管理岗位的一线专家、水资源配置管理科研领域或与之相近的领域的教学科研领域的专家学者，一共选取了 5 位相关领域的学者和专家组成水资源配置方案优选群组决策专家组，单击"专家管理"按钮即可进入专家选择界面，如图 12-7 所示。

图 13-7　水资源配置方案优选专家确定界面

引汉济渭工程受水区水资源配置的基本目标主要考虑以下几个方面：①降低区域缺水率，促进区域发展；②退还超采的地下水，抑制环境地质问题的进一步恶化；③促进受水区社会经济的可持续发展。参与方案优选的专家学者应围绕水资源配置的目标，以及方案优选准则，通过专家咨询法选择能够全面反映配置效果的指标构成方案优选指标集，单击"方案优选指标选择"按钮进行指标选取，方案优选指标集构建界面如图 13-8 所示。单击"方案优选指标集"可查看建立的方案优选指标集，2030 年引汉济渭工程受水区水资源配置方案优选指标集如图 13-8 所示。

图 13-8　水资源配置方案优选指标管理界面

表 13-3 是通过专家咨询法选择的指标构成方案明细,即方案优选指标集。

表 13-3 受水区水资源配置方案优选指标集

评价准则	评价指标	评价准则	评价指标
经济合理性	经济增长率 C1	生态环境合理性	城市污水处理率 C6
	需水增长率 C2		生态环境缺水率 C7
	单方水工业产值 C3		地下水超采率 C8
	调水供水成本 C4	资源利用合理性	地下水供水比例 C9
	中水回用成本 C5		跨流域调水比例 C10
			水资源开发利用率 C11

按照拟定的引汉济渭工程受水区水资源配置目标,利用水资源优化配置计算的基础上,采用表 13-3 中评价指标的计算方法,单击"方案优选指标值"按钮,获得引汉济渭工程受水区的 2030 年配置方案的评价系统指标值,如图 13-9 所示。

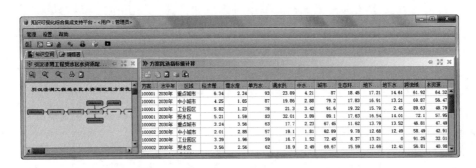

图 13-9 水资源配置方案优选指标值计算结果

采用表 13-3 中评价指标的计算方法计算得到的引汉济渭工程受水区的 2030 年配置方案的评价系统指标值明细,见表 13-4。

表 13-4 引汉济渭工程受水区 **2030** 年水资源配置方案优选指标值

方案编号	区域	C1	C2	C3	C4	C5	C6	C7	C8	C9	C10	C11
100001	重点城市	6.34	2.34	93.00	23.89	4.21	87.00	18.45	17.21	14.61	61.92	64.32
	中小城市	4.25	1.65	87.00	19.86	2.88	79.20	17.83	16.91	13.21	69.87	56.47
	工业园区	5.82	1.23	78.00	21.30	3.42	91.60	19.32	15.79	2.45	89.63	48.79
	受水区	5.21	1.59	83.00	32.01	3.89	89.10	17.63	16.54	14.01	72.10	57.95

方案编号	区域	C1	C2	C3	C4	C5	C6	C7	C8	C9	C10	C11
100002	重点城市	3.24	3.56	63.00	17.70	2.23	67.45	11.62	13.79	13.52	46.81	47.49
	中小城市	2.01	2.85	57.00	19.10	1.81	62.89	9.78	12.68	12.49	58.49	42.91
	工业园区	3.39	1.96	59.00	16.70	1.52	72.45	8.37	13.21	0.00	91.25	32.01
	受水区	3.56	2.56	62.00	18.90	2.49	69.67	15.59	12.69	12.41	56.81	40.98
100003	重点城市	7.83	3.75	95.00	16.50	3.21	94.32	27.53	17.98	19.84	72.45	65.87
	中小城市	5.67	3.01	88.00	17.20	3.48	89.38	18.75	17.21	11.29	74.81	59.02
	工业园区	4.32	5.63	79.00	15.90	2.52	94.51	26.45	16.73	5.42	93.48	53.41
	受水区	6.53	3.26	84.00	16.35	3.19	93.29	26.98	17.32	14.21	78.69	54.75
100004	重点城市	4.97	1.88	76.00	19.20	3.01	91.20	28.63	22.30	16.49	52.90	53.67
	中小城市	2.86	1.29	71.00	16.90	1.89	89.10	16.23	15.90	6.47	68.82	48.92
	工业园区	4.02	0.89	62.00	23.10	2.87	93.90	15.40	14.10	0.00	94.38	36.21
	受水区	2.46	1.76	74.00	21.05	2.94	92.30	25.40	21.20	12.53	60.31	51.88
100005	重点城市	6.54	3.43	86.00	15.50	3.71	93.32	17.86	16.83	18.79	68.95	64.99
	中小城市	6.01	2.89	78.00	16.73	2.49	87.78	16.98	16.01	10.94	72.06	58.21
	工业园区	3.08	2.01	71.00	16.02	2.32	91.56	18.34	15.69	6.05	90.59	46.39
	受水区	5.21	2.97	79.00	15.98	2.64	92.31	17.21	15.77	15.31	72.49	51.92
100006	重点城市	3.45	1.54	63.00	19.68	4.51	83.32	13,42	13.02	12.98	37.49	41.08
	中小城市	3.19	1.34	57.00	17.90	3.87	77.69	11.71	12.65	11.28	46.92	36.39
	工业园区	2.98	1.08	54.00	24.32	3.21	81.76	14.32	9.45	3.98	85.94	29.68
	受水区	3.24	1.43	61.00	23.05	3.67	82.41	13.21	12.69	11.56	51.09	36.82

续表

方案编号	区域	C1	C2	C3	C4	C5	C6	C7	C8	C9	C10	C11
100007	重点城市	5.48	3.43	69.00	15.98	4.43	86.92	15.62	15.89	16.98	62.37	58.24
	中小城市	4.97	1.54	71.00	15.73	3.67	83.62	11.56	15.41	10.32	68.59	52.74
	工业园区	4.69	2.21	65.00	16.52	3.51	89.56	15.81	12.38	6.32	89.49	34.61
	受水区	5.03	3.07	68.00	16.38	3.69	88.45	14.99	13.98	14.69	68.43	47.85
100008	重点城市	4.38	1.94	64.00	13.98	4.63	73.92	14.89	14.50	15.21	39.05	45.91
	中小城市	3.98	1.76	56.00	14.33	3.34	71.79	15.38	13.25	7.39	48.49	39.08
	工业园区	3.67	1.48	59.00	13.52	2.98	81.71	13.38	11.93	2.01	89.51	28.34
	受水区	3.99	1.59	61.00	13.58	3.74	79.71	14.99	12.85	11.69	54.27	43.21

水资源配置方案优选是一个多人参与的群决策过程,采用群组决策特征根法(GEM)确定优选指标权重,通过专家评分,确定各优选准则(经济合理性、生态环境合理性、资源利用合理性)相对于优选总目标(水资源配置最合理方案)的权重,以及每一准则下各个优选指标相对于此优选准则的权重,专家评分等级如图 13-10 所示。

5 位专家 A、B、C、D、E 依据引汉济渭工程受水区特点,对准则层各方案优选准则(Z1、Z2、Z3)和各准则下方案优选指标进行打分,各评分结果分别见表 13-5~表 13-8。

表 13-5　　　　　　　　　　方案优选准则专家评分结果

优选准则	A	B	C	D	E
经济合理性 Z1	6	6	7	7	6
生态环境合理性 Z2	2	2	3	2	2
资源利用合理性 Z3	5	6	5	4	4

表 13-6　　　　　　　　　　经济合理性指标专家评分结果

经济合理性指标	A	B	C	D	E
经济增长率 C1	5	5	4	4	5
需水增长率 C2	6	5	5	4	5
单方水工业产值 C3	3	4	4	3	3
调水供水成本 C4	4	5	4	4	5
中水回用成本 C5	6	5	4	4	6

图 13-10　方案优选指标专家评分界面

表 13-7　　　　　　　　　　　　　　生态环境合理性指标专家评分结果

生态环境合理性指标	A	B	C	D	E
城市污水处理率 C6	2	3	2	2	1
生态环境缺水率 C7	1	1	2	2	2
地下水超采率 C8	3	2	3	1	3

表 13-8 资源利用合理性指标专家评分结果

资源利用合理性指标	A	B	C	D	E
地下水供水比例 C9	5	5	6	6	6
跨流域调水比例 C10	6	6	5	7	5
水资源开发利用率 C11	5	5	6	5	6

13.3.3 水资源配置方案优选结果分析

单击"方案优选模型选择"按钮,选择方案优选排序模型(见图 13-11),根据上述模糊综合评判法、灰色关联度理想解评价方法、灰色关联度分析法求得的各方案的优劣次序的排列,单击"方案优选计算"对引汉济渭工程受水区配置方案进行排序,结果如图 13-12 所示。单击"多模型优选结果集结"按钮,通过 borda 赋值法进行组合排序,结果如图 13-13 所示。

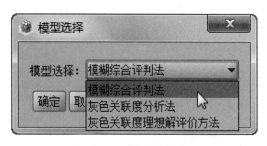

图 13-11 模型选择界面

图 13-12 是方案优选排序模型模糊综合评判法、灰色关联度理想解评价方法、灰色关联度分析法三种模型对拟订方案的排序结果,通过三个模型的优选排序,共同优选出方案 4 为引汉济渭工程受水区最佳水资源配置方案,其次为方案 2,方案 8 最差。通过方案优选结果可以看出,利用基于专家群组赋权的模糊综合评判法、灰色关联度理想解评价方法、灰色关联度分析法进行区域水资源配置方案优选,带到的排序结果基本一致,证明各模型优选排序结果是科学、可行的。

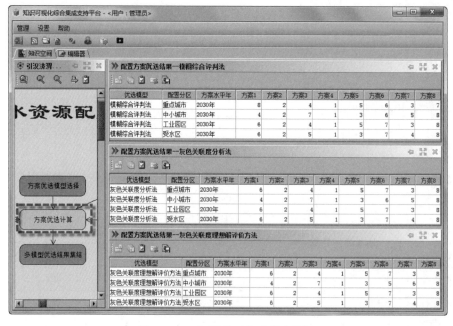

图 13-12 不同模型优选排序结果

通过 borda 赋值法对三个模型优选排序结果进行组合排序,采用 $n-1,n-2,\cdots,0$ 分别从高到低对拟定的优选方案进行赋值,求出各方案在三种方法上的得分总和,按照得分总和进行排序得出三种方法法人组合排序结果,borda 赋值法综合考虑了所有的优选排序意见,仍然优选出方案 4 为 2030 年引汉济渭工程受水区的最佳优化配置方案,如图 13-13 所示。

优选模型	配置分区	方案水平年	方案1	方案2	方案3	方案4	方案5	方案6	方案7	方案8
Borda赋值法组合排序	重点城市	2030年	7	2	4	1	5	6	3	8
Borda赋值法组合排序	中小城市	2030年	4	2	7	1	3	6	5	8
Borda赋值法组合排序	工业园区	2030年	6	2	4	1	5	7	3	8
Borda赋值法组合排序	受水区	2030年	6	2	5	1	3	7	4	8

图 13-13 不同模型优选结果组合排序

13.3.4 水资源优化配置最优方案结果分析

通过水资源优化配置方案优选系统分别对引汉济渭工程受水区 2025 年、2030 年的优化配置方案非劣集进行优选排序,得到 2025 年、2030 年的最优配置方案。在"基于数字水网的水资源优化配置"系统界面,单击每个用水户按钮下的"水资源优化配置方案"可得到该受水对象的配置方案,例如单击"2025 年引汉济渭工程受水区水资源优化配置"系统中,"西安"按钮下的"水资源优化配置方案",可以得到西安市的水资源配置方案,如图 13-14 所示。

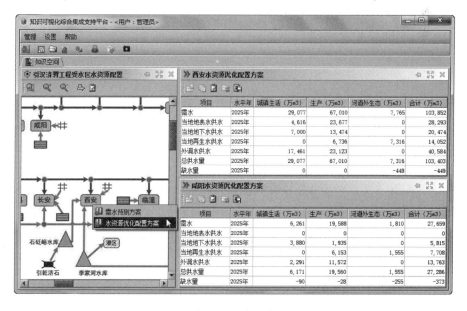

图 13-14 2025 年受水对象水资源优化配置方案

13.3.4.1 受水区 2025 年、2030 年水资源优化配置方案

通过方案优选计算,得到 2025 年、2030 年的最优配置方案,通过引汉济渭工程 2025 年调水量 10 亿 m³,2030 年多年平均调水量 15 亿 m³,进行多目标优化配置,最优配置方案如下。

1.2025 年水资源优化配置方案

单击"水资源优化配置"下的"水资源优化配置方案"按钮,可得到引汉济渭工程受水区 2025 年水资源优化配置方案,结果如图 13 - 15 所示。引汉济渭工程受水区 2025 年需水量为 20.02 亿 m³,引汉济渭工程与当地水联合配水,总配水量为 111 亿~86 亿 m³,缺水率为 0.79%。水资源优化配置方案为:城镇生活用水量为 5.23 亿 m³,生产用水量为 13.42 亿 m³,河道外生态用水量为 1.21 亿 m³,其中重点城市需水 14.95 亿 m³,引汉济渭工程与当地水联合供水总量为 14.89 亿 m³,缺水率为 0.38%,缺水量最大的西安市缺水率由引汉济渭工程供水前的 31.35% 下降为 0.43%,基本解决西安市用水需求,中小城市缺水量由引汉济渭工程供水前的 3.47 亿 m³ 下降到 0.11 亿 m³,引汉济渭工程供水后缺水率为 2.01%。

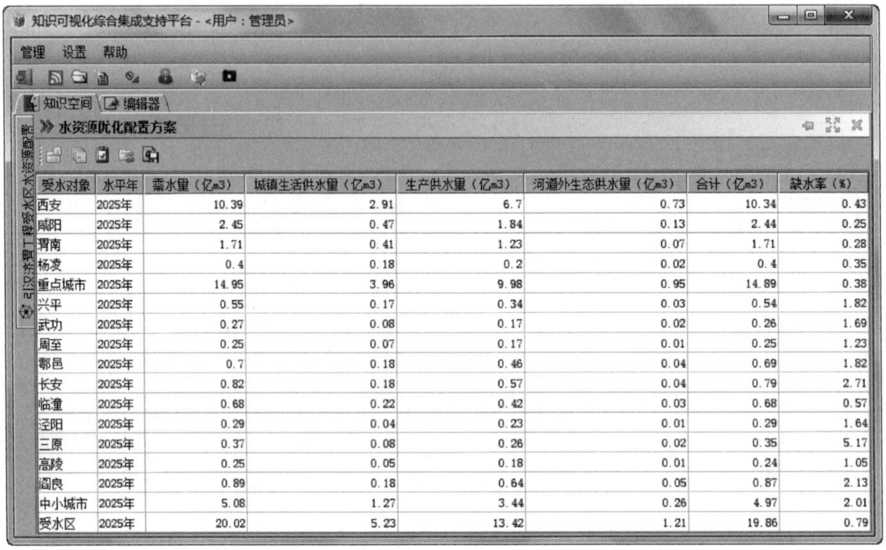

受水对象	水平年	需水量（亿m3）	城镇生活供水量（亿m3）	生产供水量（亿m3）	河道外生态供水量（亿m3）	合计（亿m3）	缺水率（%）
西安	2025年	10.39	2.91	6.7	0.73	10.34	0.43
咸阳	2025年	2.45	0.47	1.84	0.13	2.44	0.25
渭南	2025年	1.71	0.41	1.23	0.07	1.71	0.28
杨凌	2025年	0.4	0.18	0.2	0.02	0.4	0.35
重点城市	2025年	14.95	3.96	9.98	0.95	14.89	0.38
兴平	2025年	0.55	0.17	0.34	0.03	0.54	1.82
武功	2025年	0.27	0.08	0.17	0.02	0.26	1.69
周至	2025年	0.25	0.07	0.17	0.01	0.25	1.23
鄠邑	2025年	0.7	0.18	0.46	0.04	0.69	1.82
长安	2025年	0.82	0.18	0.57	0.04	0.79	2.71
临潼	2025年	0.68	0.22	0.42	0.03	0.68	0.57
泾阳	2025年	0.29	0.04	0.23	0.01	0.29	1.64
三原	2025年	0.37	0.08	0.26	0.02	0.35	5.17
高陵	2025年	0.25	0.05	0.18	0.01	0.24	1.05
阎良	2025年	0.89	0.18	0.64	0.05	0.87	2.13
中小城市	2025年	5.08	1.27	3.44	0.26	4.97	2.01
受水区	2025年	20.02	5.23	13.42	1.21	19.86	0.79

图 13 - 15　2025 年引汉济渭工程受水区水资源配置方案

2.2030 年水资源优化配置方案

单击 2030 年引汉济渭工程受水区水资源优化配置系统"水资源优化配置"下的"水资源优化配置方案"按钮,可得到引汉济渭工程受水区 2030 年水资源优化配置方案,方案如图 13 - 16 所示。引汉济渭工程受水区 2030 年需水量为 25.50 亿 m³,引汉济渭工程与当地水源联合配水,总配水量为 24.59 亿 m³,缺水率为 3.58%。水资源优化配置方案为:城镇生活用水量为 6.47 亿 m³,生产用水量为 16.67 亿 m³,河道外生态用水量为 1.45 亿 m³,具体配置结果如图 13 - 16 所示,其中重点城市需水量 16.47 亿 m³,引汉济渭工程与当地水源联合供水总量为 16.01 亿 m³,缺水率为 2.76%,缺水量最大的西安市缺水率由引汉济渭工程供水前 31.35% 下降为 2.76%,基本满足西安市用水需求,中小城市缺水量由 5.46 亿 m³ 下降到 0.40 亿 m³。引汉济渭工程供水前,工业园区由于缺乏供水水源工程,缺水最为严

重,引汉济渭工程供水后,基本满足了工业园区的用水需求,缺水量为 0.05 亿 m³,缺水率由原来的 95.08% 下降到 2.78%。

受水对象	水平年	需水量（亿m3）	城镇生活供水量（亿m3）	生产供水量（亿m3）	河道外生态供水量（亿m3）	合计（亿m3）	缺水率（%）
西安	2030年	11.35	3.24	7.02	0.77	11.03	2.83
咸阳	2030年	2.77	0.63	1.95	0.16	2.73	1.38
渭南	2030年	1.9	0.43	1.3	0.08	1.82	4.17
杨麦	2030年	0.46	0.19	0.23	0.03	0.44	3.58
重点城市	2030年	16.47	4.49	10.49	1.03	16.01	2.76
兴平	2030年	0.8	0.19	0.57	0.03	0.78	2.2
武功	2030年	0.39	0.09	0.27	0.02	0.38	4.37
周至	2030年	0.35	0.09	0.23	0.02	0.03	6.61
鄠邑	2030年	0.9	0.2	0.59	0.05	0.83	7.56
长安	2030年	0.97	0.2	0.66	0.05	0.92	5.89
临潼	2030年	1.05	0.26	0.67	0.05	0.97	6.87
泾阳	2030年	0.47	0.07	0.35	0.02	0.44	6.58
三原	2030年	0.54	0.09	0.4	0.02	0.5	7.16
高陵	2030年	0.36	0.06	0.27	0.02	0.35	4.06
阎良	2030年	0.99	0.2	0.67	0.04	0.94	5.76
华县	2030年	0.37	0.07	0.27	0.02	0.36	3.02
中小城市	2030年	7.2	1.5	4.95	0.34	6.8	5.67
泾河工业园区	2030年	0.27	0.11	0.13	0.02	0.26	2.18
泾阳产业密集区	2030年	0.24	0.1	0.12	0.01	0.23	2.18
绛帐食品工业园区	2030年	0.3	0.04	0.24	0.01	0.29	2.9
常兴纺织工业园区	2030年	0.16	0.03	0.12	0.01	0.16	3.48
蔡家坡经济技术开发区	2030年	0.6	0.16	0.41	0.02	0.59	1.34
阳平工业园区	2030年	0.2	0.04	0.14	0.01	0.2	4.84
工业园区	2030年	1.83	0.47	1.23	0.08	1.78	2.78
受水区	2030年	25.5	6.47	16.67	1.45	24.59	3.58

图 13-16　2030 年引汉济渭工程受水区水资源配置方案

13.3.4.2　水源供水结构分析

单击 2025 年引汉济渭工程受水区水资源优化配置系统"配置结果统计分析"下的"水源供水结构分析"按钮,可得到引汉济渭工程受水区 2025 年水资源优化配置方案的水源供水结构对比图,如图 13-17 所示。

从水源的供水结构来看,引汉济渭工程供水后,2025 年引汉济渭工程对 14 个受水对象的供水量占总供水比例为 46%,引汉济渭工程成为受水区的主要供水水源。引汉济渭工程供水前,受水区大量开采地下水,但随着引汉济渭工程的实施,地下水供水量占总供水量的比例大幅下降,由 2010 年的 44% 下降到了 2025 年的 20%,当地地表水源供水量略有增加,由 3.71 亿 m³ 增加到 4.17 亿 m³,但占总供

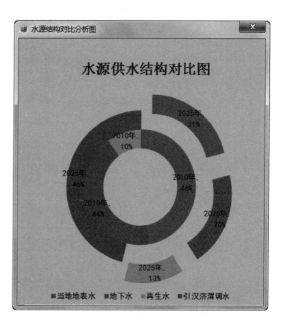

图 13-17　2025 年水资源优化配置方案的水源供水结构图

水量的比例逐年下降,从 46％下降到 21％;通过加强再生水利用管理,再生水占总供水量的比例由 2010 年的 10％增加到了 2025 年的 13％。不同水平年受水区水源供水结构详细情况见表 13－9。

表 13－9　　　　　　　　　　不同水平年受水区水源供水结构表　　　　　　　　单位:亿 m³

受水对象	水平年	当地地表水	地下水	再生水	引汉济渭调水	合计
西安	2010 年	3.31	1.54	0.57	—	5.42
	2025 年	3.41	1.97	1.41	3.55	10.34
咸阳	2010 年	0.00	0.58	0.15	—	0.73
	2025 年	0.00	0.67	0.64	1.13	2.44
渭南	2010 年	0.15	0.25	0.05	—	0.45
	2025 年	0.30	0.25	0.12	1.04	1.71
杨凌	2010 年	0.00	0.09	0.02	—	0.11
	2025 年	0.00	0.09	0.06	0.25	0.40
重点城市	2010 年	3.46	2.46	0.79	—	6.71
	2025 年	3.71	2.98	2.23	5.98	14.89
兴平	2010 年	0.00	0.21	0.00	—	0.21
	2025 年	0.00	0.21	0.05	0.29	0.54
武功	2010 年	0.00	0.04	0.00	—	0.04
	2025 年	0.00	0.04	0.01	0.21	0.26
周至	2010 年	0.00	0.06	0.00	—	0.06
	2025 年	0.05	0.06	0.01	0.13	0.25
鄠邑	2010 年	0.00	0.07	0.00	—	0.07
	2025 年	0.00	0.07	0.11	0.50	0.69
长安	2010 年	0.08	0.09	0.00	—	0.17
	2025 年	0.08	0.09	0.06	0.56	0.79
临潼	2010 年	0.00	0.16	0.00	—	0.16
	2025 年	0.00	0.16	0.02	0.49	0.68
泾阳	2010 年	0.00	0.07	0.00	—	0.07
	2025 年	0.00	0.11	0.02	0.17	0.29
三原	2010 年	0.00	0.08	0.00	—	0.08
	2025 年	0.00	0.09	0.02	0.24	0.35
高陵	2010 年	0.04	0.07	0.00	—	0.11
	2025 年	0.00	0.07	0.01	0.16	0.24
阎良	2010 年	0.13	0.08	0.00	—	0.21
	2025 年	0.32	0.08	0.06	0.41	0.87
中小城市	2010 年	0.25	0.93	0.00	—	1.18
	2025 年	0.46	0.99	0.36	3.17	4.97

续表

受水对象	水平年	当地地表水	地下水	再生水	引汉济渭调水	合计
受水区	2010 年	3.71	3.39	0.79	—	7.89
	2025 年	4.17	3.96	2.59	11 - 14	111 - 86

单击 2030 年引汉济渭工程受水区水资源优化配置系统"配置结果统计分析"下的"水源供水结构分析"按钮,可得到引汉济渭工程受水区 2030 年水资源优化配置方案的水源供水结构对比图,方案如图 13 - 18 所示。

从水源的供水结构来看,引汉济渭工程供水后,2030 年引汉济渭工程对 21 个受水对象的供水量占总供水比例为 60%,引汉济渭工程成为受水区的主要供水水源。引汉济渭工程供水前,受水区大量开采地下水,但随着引汉济渭工程的实施,地下水供水量占总供水量的比例大幅下降,由 2010 年的 44% 下降到了 2030 年的 16%,当地地表水源供水量略有增加,由 3.01 亿 m³ 增加到 3.78 亿 m³,但占总供水量的比例逐年下降,从 46% 下降到 13%;通过加强再生水利用管理,再生水占

图 13 - 18　2030 年水资源优化配置方案的
水源供水结构图

总供水量的比例由 2010 年的 10% 增加到了 2025 年的 11%。不同水平年受水区水源供水结构详细情况见表 13 - 10。

表 13 - 10　　　　　　不同水平年受水区水源供水结构表　　　　　　单位:亿 m³

受水对象	水平年	当地地表水	地下水	再生水	引汉济渭调水	合计
西安	2010 年	3.31	1.54	0.57	—	5.42
	2030 年	2.53	1.95	1.03	5.52	11.03
咸阳	2010 年	0.00	0.58	0.15	—	0.73
	2030 年	0.00	0.58	0.77	1.38	2.73
渭南	2010 年	0.15	0.25	0.05	—	0.45
	2030 年	0.11	0.25	0.18	1.27	1.82
杨凌	2010 年	0.00	0.09	0.02	—	0.11
	2030 年	0.00	0.09	0.05	0.30	0.44
重点城市	2010 年	3.46	2.46	0.79	—	6.71
	2030 年	2.64	2.87	2.04	8.47	16.01

续表

受水对象	水平年	当地地表水	地下水	再生水	引汉济渭调水	合计
兴平	2010 年	0.00	0.21	0.00	—	0.21
	2030 年	0.00	0.21	0.04	0.53	0.78
武功	2010 年	0.00	0.04	0.00	—	0.04
	2030 年	0.00	0.04	0.01	0.33	0.38
周至	2010 年	0.00	0.06	0.00	—	0.06
	2030 年	0.05	0.06	0.02	0.20	0.33
鄠邑	2010 年	0.00	0.07	0.00	—	0.07
	2030 年	0.00	0.07	0.14	0.63	0.83
长安	2010 年	0.08	0.09	0.00	—	0.17
	2030 年	0.08	0.09	0.09	0.66	0.92
临潼	2010 年	0.00	0.16	0.00	—	0.16
	2030 年	0.00	0.16	0.07	0.74	0.97
泾阳	2010 年	0.00	0.07	0.00	—	0.07
	2030 年	0.00	0.11	0.02	0.31	0.44
三原	2010 年	0.00	0.08	0.00	—	0.08
	2030 年	0.00	0.09	0.04	0.36	0.50
高陵	2010 年	0.04	0.07	0.00	—	0.11
	2030 年	0.00	0.07	0.02	0.26	0.35
阎良	2010 年	0.13	0.08	0.00	—	0.21
	2030 年	0.32	0.08	0.06	0.48	0.94
华县	2010 年	0.00	0.10	0.00	—	0.10
	2030 年	0.00	0.15	0.03	0.17	0.36
中小城市	2010 年	0.25	1.03	0.00	—	1.28
	2030 年	0.44	1.14	0.53	4.68	6.80
泾河工业园区	2010 年	0.00	0.00	0.00	—	0.00
	2030 年	0.00	0.00	0.00	0.26	0.26
泾阳产业密集区	2010 年	0.00	0.00	0.00	—	0.00
	2030 年	0.00	0.00	0.00	0.23	0.23
绛帐食品工业园区	2010 年	0.00	0.00	0.00	—	0.00
	2030 年	0.00	0.00	0.00	0.29	0.29
常兴纺织工业园区	2010 年	0.00	0.00	0.00	—	0.00
	2030 年	0.00	0.00	0.00	0.16	0.16
蔡家坡经济技术开发区	2010 年	0.00	0.00	0.00	—	0.00
	2030 年	0.00	0.00	0.10	0.49	0.59

受水对象	水平年	当地地表水	地下水	再生水	引汉济渭调水	合计
阳平工业园区	2010 年	0.00	0.00	0.00	—	0.00
	2030 年	0.00	0.00	0.00	0.25	0.25
工业园区	2010 年	0.00	0.00	0.00	—	0.00
	2030 年	0.00	0.00	0.10	1.68	1.78
受水区	2010 年	3.01	3.49	0.79	—	7.99
	2030 年	3.78	4.01	2.67	14.83	24.59

13.3.4.3 受水对象缺水结构分析

单击 2025 年引汉济渭工程受水区水资源优化配置系统"配置结果统计分析"下的"受水对象缺水结构分析"按钮,可得到引汉济渭工程受水区 2025 年水资源优化配置方案的受水对象缺水结构分析结果,方案如图 13-19 所示。

图 13-19　2025 年受水对象缺水结构分析界面

通过多目标水资源配置,2025 水平年引汉济渭工程受水区的生活用水需求都能得到满足,从整个受水区来看,生产需水缺水率为 0.68%,河道外生态需水缺水率为 5.28%,主要缺水对象是生产用水需求,生产用水缺口量占总缺水量的 57.39%,河道外生态环境用水需求缺口占总缺水量的 42.61%。重点城市的城镇生活、生产用水需求都得到了满足,仅河道外生态环境存在用水缺口,缺水率为 5.63%。中小城市生活用水需求都能得到满足,生产需水缺水率为 2.58%,河道外生态环境需水缺水率为 5.28%,生产用水缺口占中小城市总缺水量的 89.41％,河道外生态环境用水缺口占中小城市总缺水量的 10.59％。

　　单击 2030 年引汉济渭工程受水区水资源优化配置系统"配置结果统计分析"下的"受水对象缺水结构分析"按钮,可得到引汉济渭工程受水区 2030 年水资源优化配置方案的受水对象缺水结构分析结果,方案如图 13 - 20 所示。

　　2030 水平年引汉济渭工程受水区的生活用水需求都能得到满足,生产需水缺水率为 2.46％,河道外生态需水缺水率为 25.40％,从整个受水区来看,主要缺水对象是河道外生态环境用水需求,其缺水量占总缺水量的 25.40％,生产用水需求缺口占总缺水量的 2.46％。重点城市的城镇生活、生产用水需求都得到了满足,仅河道外生态环境存在用水缺口,缺水率为 28.63％。中小城市生活用水需求都能得到满足,生产需水缺水率为 6.46％,其用水缺口占中小城市总缺水量的 83.68％,河道外生态环境需水缺水率为 16.23％,其用水缺口占中小城市总缺水量的 16.32％。工业园区生活用水需求都能得到满足,生产需水缺水率为 2.92％,其用水缺口占中小城市总缺水量的 72.50％,河道外生态环境需水缺水率为 15.40％,其用水缺口占中小城市总缺水量的 27.50％。

图 13 - 20　2030 年受水对象缺水结构分析界面

13.3.4.4　优化配置结论

　　通过对引汉济渭工程受水区水资源多目标优化配置,引汉济渭工程最明显的功效是降低了区域缺水率,缓解了关中城市群发展对水资源的迫切需求,从 2025 年的优化配置方案可以看出,引汉济渭工程供水前,15 个受水对象的缺水率为 47.76％,引汉济渭工程供水后,缺水率下降到 0.79%,见表 13-11。从 2030 年的优化配置方案可以看出,引汉济渭工程供水前,21 个受水对象的缺水率为 53.89%,引汉济渭工程供水后,缺水率下降到 3.58%,见表 13-12。

表 13-11　　　　　　　　**2025 年受水区 15 个受水对象水资源优化配置结果**

受水对象	水平年	需水量/亿 m³	供水量/亿 m³	缺水率/%
重点城市	引汉济渭供水前	14.95	8.58	42.60
	引汉济渭供水后		14.89	0.38
中小城市	引汉济渭供水前	5.08	1.88	62.96
	引汉济渭供水后		4.97	2.01
受水区	引汉济渭供水前	20.02	10.46	47.76
	引汉济渭供水后		19.86	0.79

表 13-12　　　　　　　　**2030 年受水区 21 个受水对象水资源优化配置结果**

受水对象	水平年	需水量/亿 m³	供水量/亿 m³	缺水率/%
重点城市	引汉济渭供水前	16.47	11.56	41.95
	引汉济渭供水后		16.01	2.76
中小城市	引汉济渭供水前	7.20	2.11	70.71
	引汉济渭供水后		6.80	5.67
工业园区	引汉济渭供水前	1.83	0.09	95.08
	引汉济渭供水后		1.78	2.78
受水区	引汉济渭供水前	25.50	11.76	53.89
	引汉济渭供水后		24.59	3.58

第14章

基于数字水网的水量联合调配

传统的跨流域调水工程水量调配系统中调水和配水都是独立的系统,彼此之间没有有机的结合。然而调水工程中受水区的需水情况随时会发生变化,需水变化后水源区的调水也要随之而变,同时调水之后的受水区的配水方案也会变化,二者存在着一个水流流达的时间差,所以水源区的调水、输水系统的水量输送和受水区的配水是紧密结合的,是一个整体,因此需要构建一个具有操作性,能集成调度、演进、配置业务应用于一身的工程联合调配系统来适应这些需求变化。

14.1 水源区-受水区水量联合调配系统构建思路

针对引汉济渭调水工程的系统复杂性以及工程实时调配的需求,在引汉济渭工程水资源系统概化分析的基础上,基于综合服务平台,采用组件、知识可视化技术构建水源区-受水区的水量联合调配业务应用。构建的基本思路是:①将受水区水资源系统中的河流、水库等各元素进行抽象并概化,建立图元库;②基于综合服务平台,通过点、线拓扑关系描述水资源系统中各元素之间的关系,采用知识图可视化技术对受水区的水资源系统进行拓扑概化,形成水资源配置主题知识图;③将受水区水资源配置主题知识图、水量输送演进的知识图和前文建立的水源区多库联合调度主题知识图集成,形成工程输配水系统主题知识图;④在知识图中各元素下添加对应功能的服务组件,各组件间借助单向数据流进行数据传递,从而实现水源区-受水区水量联合调配业务应用。

14.2 水源区-受水区水量联合调配系统构建方法

水源区-受水区水量联合调配的构建主要采用模块化思想,将面向水量联合调配的业务应用分为五大功能模块分别进行设计,遵循"平台—组件—模块—模型"的开发流程,在综合服务平台上实现分层分级分类的业务耦合。水源区-受水区水量调配的构建主要包括调配水系统拓扑化、模型组件化、模型搭建、结果分析、决策协调 5 个部分,形成相互作用的 5 个功能单元,如图 14-1 所示。基于综合服务平台的水量调配构建实现了可视化技术和组件技术的有效结合,通过每个功能单元的独立运行实现了水量调配模拟模型的动态搭建,为水源区-受水区的水资源调配决策提供强有力的支撑。

(1)水资源系统拓扑化模块。对受水区的水资源系统进行概化,采用知识可视化技术构建调配水系统主题知识图,调配水系统主题知识图是将水资源配置区域各个水源与用水户之间供、需水的关系以及水资源调配业务流程进行可视化拓扑描述,通过每个计算单元依次计算的方式,进行供需平衡分析模拟,实现水量调配全过程的可视化、数字化管理。调配水系统主题知识图的构建主要包括:单个计算单元内水源与用水户之间的水量调配拓扑关系的构建,计算单元与计算单元之间的水量调配拓扑关系的构建,水源节点与各个计算单元或用水户之间的拓扑关系的构建三个方面。

(2)模型组件化模块。将水库调度、需水预测、供需平衡模拟、统计分析等相关模型及方法通过组件技术进行组件划分,划分好的模型模块封装成输入输出接口标准的服务组件。随着模型方法的不断完善,形成水量联合调配业务应用组件库,为调配决策提供服务。

(3)模型搭建模块。将调配水系统拓扑化模块与模型组件化模块进行连接,基于综合服务平台,构建水源区-受水区的水量联合调配系统。通过对调配水系统进行可视化的拓扑概化,并根据调水工程水源区和受水区的水量调配需求,在调配水系统主题知识图中节点下定制相应的服务组件,通过知识图、组件服务搭建的方式进行水源区-受水区的水量联合调配业务应用。

(4)结果分析模块。针对搭建的水量联合调配系统中各个节点的需水预测结果、可供水量计算结果以及配置模拟结果进行统计分析,运用统计图表对各个计算结果予以直观展示。

(5)决策协调模块。如图 14-1 所示该模块与水资源系统拓扑化模块、模型组件化模块、模型搭建模块、结果分析模块构成了多个反馈回路,通过不同回路的信息反馈,进行决策协调,为水量联合调配决策提供有效手段。当天然来水量变化、水源与用水户的增加或减少、水源用水户之间的供需关系改变以及对配置模拟结果不满意等情况下,通过反馈修改构建的输配水系统主题知识图,更换适合当前实际情况的配置模拟方法组件,修改模型参数组件中设置的参数值来完成新的配置模拟,通过这种滚动修正的方式,对方案进行选优和决断,并与原始的配置模拟方案进行对比分析,实现对配置模拟的整个过程的可视化协调和控制,形成最终决策。

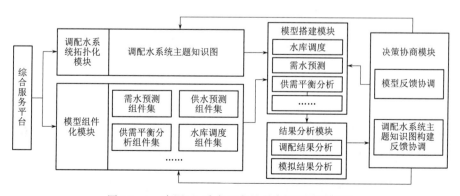

图 14-1 水源区-受水区水量联合调配构建方案

14.3 水源区-受水区水量联合调配集成应用

针对引汉济渭工程,基于综合服务平台,通过知识可视化技术将工程调配水系统拓扑概化,形成调配水系统主题知识图;运用组件技术将水库调度模型划分成调度规则、入库径流预报、库水位过程、供水过程、水库调度等组件,将水资源配置模型划分成可供水量计算、需水预测、水资源供需平衡分析等组件,将水流演进模型划分为水量损失、流达时间计算、断面分析等组件,通过服务组合的方式构建水库调度、水量输送和水资源配置模型,从而搭建引汉济渭工程水源区-受水区水量联合调配系统,实现水源区水库调度与受水区水资源配置的集成应用,为水量联合调配决策提供服务。图 13-2 是系统的构建界面,图 13-3 是系统的应用界面,应用界面中上半部分是受水区的配水,下半部分是水源区的调水与输水。

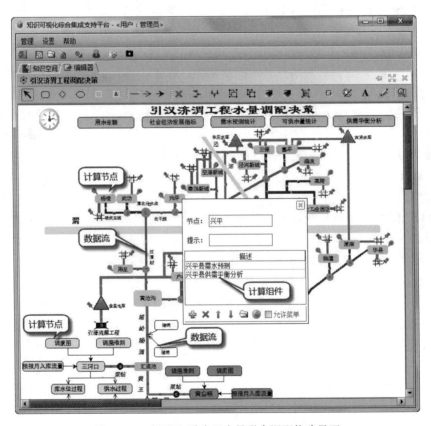

图 14-2 水源区-受水区水量联合调配构建界面

基于综合服务平台建立水源区调水、秦岭隧洞水流演进和受水区水资源配置的联调机制,通过水量联合调配系统进行不同来水条件、调度方案下的受水区水资源调配模拟,制定调配方案,如图 14-4 所示。左下角的界面是水源区三河口水库的供水过程,右下角界面是引汉济渭工程的联合调度方案,右上角界面是受水区西安市的供需平衡分析结果,点击主界面中的钟表图标,可以调整时间来制定不同时间段下的调配方案。

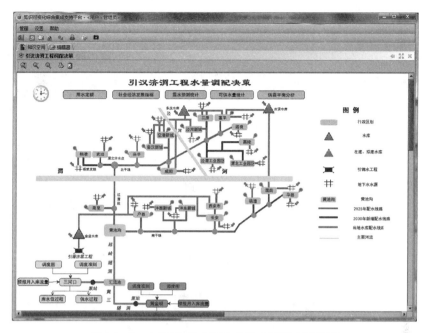

图 14-3　水源区-受水区水量联合调配应用界面

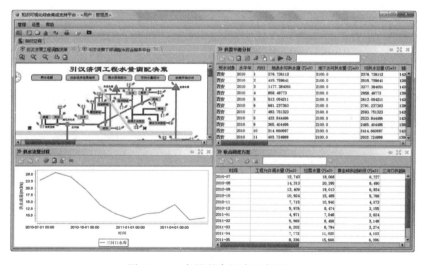

图 14-4　水量联合调度运行界面

14.3.1　用水计划调整下的应用

　　工程水量调配时,当受水区的用水计划发生改变时,在水量联合调配系统中提供了人工动态调整的功能来响应其变化。例如受水区某供水城市发生突发事件,需要临时增加供水量,那么通过调整水源区三河口水库对应时段的供水过程来模拟计算,供水过程调整相当于是水源区的调度过程发生改变,后续时段的水库调度方案和受水区的配置方案都会重新计算,通过这种不断人工调整模拟计算的方式,得到最终的联合调度方案以及配置方案,从而满足受水区的用水变化。如图 14-5 所示,左下角的折线图是调整之后的供水过程,十字交叉位置是调整之前的时段供水量,供水量调整后系统会实时计算。

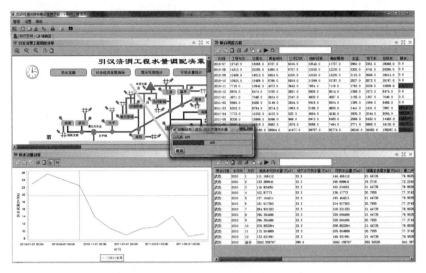

图 14-5　水源供水过程调整

14.3.2　水源、用水户变化条件下的应用

当受水区的供水对象或者供水管网发生变化时,通过组件技术和知识图技术能快速地对系统进行修改,形成新的水量联合调配系统。具体过程为:首先对系统解压,解压后的系统就可以编辑,然后根据需求变化添加或者删除相应的供水对象及供水管网,若增加对象,由于组件是通用的,添加相应的组件就可以快速形成新的系统,从而适应工程的需求变化。假如工程供水计划有变,取消对"杨凌市"的供水,那么只需要删除系统中的杨凌市节点,其他节点不会受其影响,删除后系统依然可以运行,如图 14-6 所示。

图 14-6　供水对象调整后的配置方案

参　考　文　献

［1］　彭安帮.跨流域水库群引水与供水联合优化调度研究[D].大连:大连理工大学,2015.

［2］　王海霞.考虑生态目标的水库引水与供水联合调度研究[D].大连:大连理工大学,2015.

［3］　孙振刚,张岚,段中德.我国水库工程数量及分布[J].中国水利,2013(7):10－11.

［4］　刘洋."引温济潮"实现区域性水资源跨流域回补[J].北京规划建设,2010(2):71－74.

［5］　张健丽.水锤计算模型对管道水力过渡计算结果的影响研究[D].西安:长安大学,2012.

［6］　水利部南水北调规划设计管理局.跨流域调水与区域水资源配置[M].北京:中国水利水电出版社,2012.

［7］　WILLIAM E C. Interbasin water transfer in the United States:Overview of the institutional framework,proceedings of 1WRA seminar on Interbasin water transfer. 1－10,June 15－19,1986,Beijing,China.

［8］　魏昌林.以色列北水南调工程[J].世界农业,2001(10):29－30.

［9］　皮钧,熊雁晖.加利福尼亚调水工程对我国调水工程的启示[J].南水北调与水利科技,2004(4):50－52.

［10］　DOMICELJ S. The Australian Snowy Mountains scheme:National growth and regional development[J]. Habitat International. 1980,5(5):601－616.

［11］　李运辉,陈献耘,沈艳忱.巴基斯坦西水东调工程[J].水利发展研究,2003(1):56－58.

［12］　B R 舍尔玛.巴基斯坦灌溉用水的管理[J].水利水电快报,1991(15):6－8.

［13］　徐元明.国外跨流域调水工程建设与管理综述[J].人民长江,1997,28(3):11－13.

［14］　黄益芬.水电站水库优化调度研究[J].水力发电,2002,1(5):64－66.

［15］　竹磊磊.综合利用水库实时兴利优化调度研究[D].郑州:郑州大学,2006.

［16］　潘理中,芮孝芳.水电站水库优化调度研究的若干进展[J].水文,1999(6):37－40.

［17］　张勇传.优化理论在水库调度中的应用[M].长沙:湖南科学技术出版社,1985.

［18］　大伙房工程局.水库控制运用[M].北京:水利电力出版社,1978.

［19］　左其亭,李静,等.博斯腾湖向塔里木河输水风险分析方法[J].干旱区地理,2004(3):361－366.

［20］　万俊,雷卫东.混联水库群联合调度图的绘制探讨[J].水电能源科学,1988(3):274－279.

［21］　宋雅坪.白丰梯级水库实用电力优化调度图的研制——变动目标水位控制法的研究[J].水电自动化与大坝监测,2002(1):65－68.

［22］　尹正杰,胡铁松,吴运卿.基于多目标遗传算法的综合利用水库优化调度图求解[J].武汉大学学报(工学版),2005(6):40－44.

［23］　周念来,纪昌明.基于蚁群算法的水库调度图优化研究[J].武汉理工大学学报,2007(5):61－64.

［24］　刘心愿,郭生练,等.基于总出力调度图与出力分配模型的梯级水电站优化调度规则研究[J].水力发电学报,2009,28(3):26－31,51.

［25］　王旭,雷晓辉,等.基于可行空间搜索遗传算法的水库调度图优化[J].水利学报,2013,44(1):26－34.

［26］　郭旭宁,胡铁松,等.基于模拟-优化模式的供水水库群联合调度规则研究[J].水利学报,2011,42(6):705－712.

［27］　郭旭宁,胡铁松,吕一兵,等.跨流域供水水库群联合调度规则研究[J].水利学报,2012,43(7):757－766.

［28］ 王旭,郭旭宁,雷晓辉,等.基于可行空间搜索遗传算法的梯级水库群调度规则[J].南水北调与水利科技,2014,12(4):173 - 176.

［29］ 万芳,周进,原文林.大规模跨流域水库群供水优化调度规则[J].水科学进展,2016,27(3):448 - 457.

［30］ 刁艳芳,段震,程慧,等.基于粒子群的水库群联合防洪预报调度规则设计方法[J].中国农村水利水电,2018(2):99 - 102.

［31］ MASSE P B. Les Reserves et La Regulation de L'Avenir dan L'a Vic Economique[D]. Hermann and Cie Paris,1946.

［32］ BELLMAN R. R. Dynamic Programming[M]. New Jersey,Princeton University Press,1957:3 - 59.

［33］ LITTLE J D C. The use of storage water in a hydroelectric system[J]. Operational Research,1955,(3):187 - 197.

［34］ RORFS T G L D BODIN. Multireservoir Operation Studies[J]. Water Resource Research,1970,6(2):410 - 420.

［35］ FOUFOULA E,KITANIDIS P K. Gradient dynamic programming for stochastic optimal control of multi—dimensional water resources systems[J]. Water Resource Research,1988,8(24):1345 - 1359.

［36］ HEDARI M V T CHOW,et al. Discrete Differential Dynamic Programming Approach to Water Resources Systems Optimization[J]. Water Resource Research,1971,7(2):273 - 282.

［37］ Trott,William J.,Yeh William,W. G. Optimization of multiple reservoir system[J]. ASCE J Hydraul Div,1973,99(10):1865 - 1884.

［38］ LARSON R E. State Increment Dynamic Programming[M]. New York:Elsevier,1968.

［39］ HOWSON H R,SANCHO N G F. A new algorithm for the solution of multi state dynamiv programming problems[J]. Math Programm,1975,8(1):104 - 116.

［40］ PARIKH S C. Linear decomposition programming of optimal long range operation of a multipurpose reservoirs system[J]. Rep ORC Calif,1966,2(1):33 - 45.

［41］ BECKER L,YEH W W G. Optimization of real time operation of multiple - reservoir system[J]. Water Resource Research,1974,10(6):1107 - 1112.

［42］ KUCZERA G. Network linear programming codes for water supply headwork modeling[J],Journal of Water Resources Planning and Management,1993,119(3):412 - 417.

［43］ CRAWLEY P,DANDY G. Optimal operation of multiplereservoir system[J]. Journal of Water Resources Planning and Management,1993,119(1):1 - 17.

［44］ WINDSOR J S. Optimization model for reservoir flood control[J]. Water Resource Research,1973,9(5):1103 - 1114.

［45］ IKURA Y,GROSS G. Efficient large - scale hydro system scheduling with forced spill conditions[A]. IEEE Transactions on Power Apparatus and Systems[C],1984,PAS - 103(12):3502 - 3520.

［46］ ESAT,V.,Hall,M. J. Water Resources System Optimization Using Genetic Algorithms. Hydroinformatics'94,Proc.,1st Int. Conf. on Hydroinformatics,Balkema,Rotterdam,The Netherlands,1994:225 - 233.

［47］ RAMAN,H.,Chandramouli,V. Dericying a general operating policy for reservoirs using neural network[J]. Journal of Water Resources Planning and Management,1996,122(5):342 - 347.

［48］ Dorigo M,Gambardella. L. M.,Ant algorithms for discrete ptimization[J]. Artificial Life,1999,5(2):137 - 172.

［49］ KENNEDY J. Eberhart R. Particle Swarm Optimization[C]. Proceedings of the IEEE International Conference on Neural Networks,1995:1942 - 1945.

［50］ KIRKPATRICK S,Gelatt. Jr C D,Vecchi M P. Optimization by simulated annealing[J]. Science,

1983,220:671 - 680.

[51] DEB,K. ,Pratap,A. ,Agarwal,S. ,and Meyarivan,T. ,A fast and elitist multiobjective genetic algorithm:NSGA - Ⅱ[J],IEEE Trans Evol. 2002,(6):182 - 197.

[52] HOSSEINI P,CHEN D,LEON A S. Optimizing Short - term operation of a multi - reservoir system during transition of objectives and constraints[C]. Proceedings of the 2014 World Environmental and Water Resources Congress,Reston Virginia,USA,ASCE,2014:1093 - 1105.

[53] KIM,T. ,HEO,J H. ,JEONG,C. S. ,Multireservoir system optimization in the Han River basin using Multi - objective genetic algorithms[J]. Hydrological Processes,2006(20):2057 - 2075.

[54] REDDY,M J. Kumar,D N. ,Multi - objective particle swarm optimization for generation optimal trade - off in reservoir operation[J]. Hydrological Processes,2007(21):2897 - 2909.

[55] GUO,X. N. ,Hu,T. S. ,Wu,C. L. ,Zhang,T. ,LV,YB. ,Multi - objective optimization ofthe proposed multi - reservoir operating policy for water supply using improved NSPSO[J]. Water Resources Management,2013(27):2137 - 2153.

[56] ZITZLER E. ,Laumanns M,Thiele L. SPEA2:Improving the Strength Pareto Evolutionary Algorithm[R]. TIK,Computer Enginneering and Communication Networks Lab,2001.

[57] KUO - WEI Wang,Li - Chiu Chang,Fi - John Chang. Multi - tier interactive genetic algorithms for the optimization of long - term reservoir operation[J]. Advances in Water Resources,2011,34 (10):1343 - 1351.

[58] 唐国磊,周惠成,李宁宁,等.一种考虑径流预报及其不确定性的水库优化调度模型[J].水利学报,2011,42(6):641 - 647.

[59] 张刚.水库适应性调度研究及实现[D].西安:西安理工大学,2013.

[60] 黄炜斌,马光文,等.混沌粒子群算法在水库中长期优化调度中的应用[J].水力发电学报,2010,29 (1):102 - 105.

[61] 吴沧浦.年调节水库的最优运行[J].科学记录,1960.

[62] 涂启玉,梅亚东.遗传算法在水库(群)优化调度研究中的应用综述[J].水电自动化与大坝监测,2008,32(1):16 - 18.

[63] 张忠波,吴学春,张双虎,等.并行动态规划和改进遗传算法在水库调度中的应用[J].水力发电学报,2014,33(4):21 - 27.

[64] 路志宏,魏守平.变状态空间动态规划法在水库优化调度中的应用[J].水电能源科学,2003 (2):55 - 57.

[65] 张诚,周建中,王超,等.梯级水电站优化调度的变阶段逐步优化算法[J].水力发电学报,2016,35 (4):12 - 21.

[66] 秦旭宝,董增川,费如君,等.基于逐步优化算法的水库防洪优化调度模型研究[J].水电能源科学,2008(4):60 - 62.

[67] 路志宏,施保昌,周晓阳.梯级电站优化调度模型中全局寻优策略[J].人民长江,2007,38 (8):72 - 74,84.

[68] 温世亿,诸葛亦斯.基于状态转移矩阵的梯级水库优化调度确定性离散动态规划方法[J].水电自动化与大坝监测,2010,34(3):65 - 69.

[69] 史亚军,彭勇,徐炜.基于灰色离散微分动态规划的梯级水库优化调度[J].水力发电学报,2016,35 (12):35 - 44.

[70] 李亮,黄强,肖燕,等.DPSA和大系统分解协调在梯级水电站短期优化调度中的应用研究[J].西北农林科技大学学报(自然科学版),2005(10):125 - 128.

[71] 明波,黄强,王义民,等.梯级水库发电优化调度搜索空间缩减法及其应用[J].水力发电学报,2015,34(10):51 - 59.

［72］ 冯仲恺,牛文静,程春田,等.水库群联合优化调度知识规则降维方法[J].中国科学（技术科学）,2017,47(2):210－220.

［73］ 赵铜铁钢,雷晓辉,蒋云钟,等.水库调度决策单调性与动态规划算法改进[J].水利学报,2012,43(4):414－421.

［74］ 纪昌明,马皓宇,李传刚,等.基于可行域搜索映射的并行动态规划[J].水利学报,2018,49(6):649－661.

［75］ 董子敖.水库群调度与规划的优化理论和应用[M].济南:山东科学技术出版社,1989.

［76］ HOWSON, H. R. , N. G. F. Sancho. A new algorithm for the solution of multistate dynamic programming problems[J]. Math. Programm,1975,8(1):104－116.

［77］ 李义,李承军,周建中.POA－DPSA 混合算法在短期优化调度中的应用[J].水电能源科学,2004,22(1):37－39.

［78］ 许银山,梅亚东,杨娜,等.大规模混联水库群长期优化调度[J].水电自动化与大坝监测,2010,34(4):58－63.

［79］ 肖胜贤,伍永刚,章国勇,等.基于广义状态分析的水电站群长期优化调度[J].电网技术,2015,39(7):1900－1906.

［80］ 范春起.约束坐标轮换法的修正算法[J].河北科技大学学报,1998,19(4):74－78.

［81］ 张诚,周建中,王超,等.梯级水电站优化调度的变阶段逐步优化算法[J].水力发电学报,2016,35(4):12－21.

［82］ 李继伟,纪昌明,彭杨,等.基于三阶段逐步优化算法的三峡水库水沙联合优化调度研究[J].水电能源科学,2014,32(3):57－60,121.

［83］ 刘攀,郭生练,李玮,等.遗传算法在水库调度中的应用综述[J].水利水电科技进展,2006(4):78－83.

［84］ 王森,马志鹏,李善综,等.梯级水库群优化调度并行自适应混沌整体退火遗传算法[J].人民珠江,2016,37(2):88－91.

［85］ 李想,魏加华,傅旭东.粗粒度并行遗传算法在水库调度问题中的应用[J].水力发电学报,2012,31(4):28－33.

［86］ 王旭,雷晓辉,蒋云钟,等.基于可行空间搜索遗传算法的水库调度图优化[J].水利学报,2013,44(1):26－34.

［87］ 郑姣,杨侃,倪福全,等.水库群发电优化调度遗传算法整体改进策略研究[J].水利学报,2013,44(2):205－211.

［88］ 许凌杰,董增川,肖敬,等.基于改进遗传法的水库群防洪优化调度[J].水电能源科学,2018,36(3):59－62,153.

［89］ 杨延伟.一种改进的基于实数编码的遗传算法以及在水库调度中的应用[J].中国水运（下半月）,2017,17(1):165－166,190.

［90］ 陈立华,梅亚东,麻荣永.并行遗传算法在雅砻江梯级水库群优化调度中的应用[J].水力发电学报,2010,29(6):66－70.

［91］ 负汝安,董增川,王好芳.基于 NSGA Ⅱ 的水库多目标优化[J].山东大学学报,2010,40(6):124－128.

［92］ 张世宝,温洁,张红旗,等.基于 NSGA Ⅱ 的三门峡水库汛期多目标优化调度[J].人民黄河,2011,33(12):14－18.

［93］ 肖刚,解建仓,罗军刚.基于改进 NSGA Ⅱ 的水库多目标防洪调度算法研究[J].水力发电学报,2012,31(5):77－83.

［94］ 王学斌,畅建霞,孟雪姣,等.基于改进 NSGA－Ⅱ 的黄河下游水库多目标调度研究[J].水利学报,2017,48(2):135－145,156.

［95］ 王渤权,王丽萍,李传刚,等.基于自组织映射遗传算法的水库多目标优化调度研究[J].水电能源科学,2015,33(12):59－62.

［96］ 戴凌全,王煜,蒋定国,等.基于 NSGA－Ⅱ方法的三峡水库汛末蓄水期多目标生态调度研究[J].水利水电技术,2017,48(1):122－127.

［97］ COLORNI A,Dorigo M,Maniezzo V. Distributed optimization by ant colonies. Proc 1st European conf artificial life. Pans,France:Elsevier,1991:134－142.

［98］ COLORNI A,Dorigo M,Maniezzo V. An investigation of some properties of an ant algorithm. Proc PPSN '92:509－520.

［99］ COLORNI A,Dorigo M,Maniezzo V,Trubian M. Belgian J. Oper. REs. Statist. Comp. Sci. ,1994,34(1):39－53.

［100］ 徐刚,马光文,梁武湖,等.蚁群算法在水库优化调度中的应用[J].水科学进展,2005(3):397－400.

［101］ 陈立华,梅亚东,杨娜,等.混合蚁群算法在水库群优化调度中的应用[J].武汉大学学报(工学版),2009,42(5):661－664,668.

［102］ 刘玒玒,汪妮,解建仓,等.水库群供水优化调度的改进蚁群算法应用研究[J].水力发电学报,2015,34(2):31－36.

［103］ 张双虎,黄强,孙廷容.基于并行组合模拟退火算法的水电站优化调度研究[J].水力发电学报,2004,23(4):16－19.

［104］ 邱林,李文君,陈晓楠.基于混沌算法的水库防洪优化调度[J].海河水利,2007,4(8):47－52.

［105］ 杨道辉,马光文,过夏明,等.粒子群算法在水电站优化调度中的应用[J].水力发电学报,2006,25(5):5－7,45.

［106］ 樊尔兰,李怀恩,沈冰.分层型水库水量水质综合优化调度的研究[J].水利学报,1996(11):33－38.

［107］ 覃晖,周建中,王光谦,等.基于多目标差分进化算法的水库多目标防洪调度研究[J].水利学报,2009,40(5):513－519.

［108］ DEB K,Pratap A,Agarwal S,et al. A Fast and Elitist Multiobjective Genetic Algorithm:NSGA－Ⅱ[J]. IEEE Trans. on Evolutionary Computation,2002,6(2):182－197.

［109］ 罗军刚,张晓,解建仓.基于量子多目标粒子群优化算法的水库防洪调度[J].水力发电学报,2013,32(6):69－75.

［110］ 杨光,郭生练,刘攀,等.PA－DDS 算法在水库多目标优化调度中的应用[J].水利学报,2016,47(6):789－797.

［111］ 李继伟.梯级水库群多目标优化调度与决策方法研究[D].保定:华北电力大学,2014.

［112］ DOSI,C. ,Capacity Moretto, M. Inter－Basin Transfers Under Uncertainty:Storageand Optimal Guaranteed Deliveries[J]. Environmental and Resources Economics,1994,4:331－352.

［113］ JAIN,S. ,Reddy,N. S. R. K. ,Chaube,U. C. Analysis of a large inter－basin water transfer system in India[J]. Hydrological Sciences Journal,2005,50(1),125－137.

［114］ MATETE,M. ,Hassan,R. Integrated ecological economics accounting approach to evaluation of inter－basin water transfers An application to the Lesotho Highlands Water Project[J]. Ecological Economics,2006,60:246－259.

［115］ CARVALHO,R. C. ,Magrini, A. Conflicts over Water Resource Management in Brazil[J]. Water Resources Mangement,2006,20:193－213.

［116］ LI,X. S. ,Wang,B. D. ,Rajeshwar,M. ,Ashish,S. ,Wang,G. L. Consideration of Trendsin Evaluating Inter－basin Water Transfer Alternatives within a Fuzzy Decision MakingFramework[J]. Water Resources Mangement,2009,23:3207－3220.

［117］ SADEGH,M. ,Mahjouri,N. ,Kerachian,R. Optimal Inter－Basin Crisp[J]. Water Resources Mangement,2010,24:2291－2310.

[118] BONACCI, O. , Andric, L. Impact of an inter – basin water transfer and reservoir operation on a karst open streamflow hydrological regime an example from the Dinaric karst(Croatia)[J]. Water Resources Mangement,2010,24:3852 – 3863.

[119] XI, S. F. ,Wang, B. D,Liang, G. H. ,Li, X. S. ,Lou, L. L. Inter – basin water transfer – supply model and risk analysis[J]. Scienece China:Technological Sciences,2010,53(12):3316 – 3323.

[120] CHEN, H. W. ,Chang, N. B. Using fuzzy operators to address the complexity in decision making of water resources redistribution in two neighboring river basins[J]. Advances in Water Resources, 2010,33:652 – 666.

[121] GUO,X. N. ,Hu,T. S,et al. Bilevel model for multi – reservoir operating policy in inter – basin wa ter transfer – supply project[J]. Journal of Hydrology,2012,424:252 – 263.

[122] 沈佩君,邵东国,郭元裕.跨流域调水工程优化规划混合模拟模型研究[J].系统工程学报,1992 (2):43 – 52.

[123] 邵东国.跨流域调水工程优化决策模型研究[J].武汉水利电力大学学报,1994(5):500 – 505.

[124] 张建云,陈洁云.南水北调东线工程优化调度研究[J].水科学进展,1995(3):198 – 204.

[125] 邵东国,沈佩君,郭元裕.一种交互式模糊多目标协商分水决策方法[J].水电能源科学,1996 (1):22 – 26.

[126] 卢华友,沈佩君,邵东国,等.跨流域调水工程实时优化调度模型研究[J].武汉水利电力大学学报, 1997(5):12 – 16.

[127] 刘宇琼,潘敏贞,林翔岳.用 Visual C++开发跨流域调水工程水资源规划决策支持系统[J].水利 规划,1998(4):38 – 41.

[128] 王银堂,胡四一,周全林,等.南水北调中线工程水量优化调度研究[J].水科学进展,2001 (1):72 – 80.

[129] 畅建霞,黄强,王义民,等.南水北调中线工程水量仿真调度模型研究[J].水利学报,2002 (12):85 – 90.

[130] 刘建林,马斌,解建仓,等.跨流域多水源多目标多工程联合调水仿真模型——南水北调东线工程 [J].水土保持学报,2003(1):75 – 79.

[131] 江燕,刘昌明,胡铁松,等.多水库联合调水工程的规模优选[J].北京师范大学学报(自然科学版), 2009,45(Z1):585 – 589.

[132] 王仁超,谭学奇,刘学海,等.基于 Multi – Agent 的长距离调水系统优化调度仿真研究[J].水利水 电技术,2005(4):3 – 5,11.

[133] 董延军,蒋云钟,李杰,等.南水北调中线供水实时优化调度研究[J].水电能源科学,2008 (5):119 – 123.

[134] 习树峰,王本德,梁国华,等.考虑降雨预报的跨流域调水供水调度及其风险分析[J].中国科学技 术科学,2011,41(6):845 – 852.

[135] 彭安帮,彭勇,周惠成.跨流域调水条件下水库群联合调度图的多核并行计算研究[J].水利学报, 2014,45(11):1284 – 1292.

[136] 侯红雨.南水北调东线一期工程山东段水量调度数学模型设计研究[A].中国水利学会,中国水利 学会 2015 学术年会论文集(下册)[C].中国水利学会,2015:5.

[137] 游进军,林鹏飞,王静,等.跨流域调水工程水量配置与调度耦合方法研究[J].水利水电技术, 2018,49(1):16 – 22.

[138] 郭旭宁,胡铁松,吕一兵,等.跨流域供水水库群联合调度规则研究[J].水利学报,2012,43(7): 757 – 766.

[139] 曾祥,胡铁松,郭旭宁,等.跨流域供水水库群调水启动标准研究[J].水利学报,2013,44(3): 253 – 261.

[140] 郭旭宁,雷晓辉,李云玲,等. 跨流域水库群最优调供水过程耦合研究[J]. 水利学报,2016,47(7):949-958.

[141] 吴泽宁,索丽生. 水资源优化配置研究进展[J]. 灌溉排水学报,2004,23(2):1-4.

[142] DAVIS,Calif. HEC-5 simulation of flood control and conservation system user's manual[M]. U. S. Army Corps of Engineers:Hydrologic Engineering Center,1982.

[143] GEORGE Kuczera,Glen Diment. General water supply system simulation model:WASP[J]. Journal of water Resources Planning and Management,1988,114(4):365-382.

[144] LOUCKS DP,Salewicz KA,Taylar M. RIRIS. An interactive river system simulation program user's manual[M]. Cornell University,Ithaea,N. Y. 1990.

[145] MURRAY D M,Yakowitz S J. Constrained differential dynamic Programming and its application to multireservoir control[J]. Water Resources Research,1979,15(5):1017-1027.

[146] ANTLE J M,Capalbo S M. Physical and economic model integration for measurement of environmental impacts of agricultural chemical use[J]. Journal of Agricultural and Resource Economics,1991,20(3):62-68.

[147] NORMAN J Dudley. Optimal interseasonal irrigation water allocation[J]. Water Resources Research,1971,7(4):11-24.

[148] JOERES. E. F,Liebman. J. C. Operating rules for joint operation of raw water sources[J]. Water Resources Research,1971,7(2):225-235.

[149] MUIVIHILL. WE,Dracup. J. A. Optimaltiming and sizing of a conjunctive urban water supply treatment facilities[J]. Water Resources Research,1971(7):463-478.

[150] ROGERS P. S Ramaseshan. Multiobjective analysis for planning and operation of water resources systems:Some examples from India. Paper Presented at Joint Automatic Control Conference,1976:213-217.

[151] YEH WWG. Reservoir management and operations models:a state of the art review[J]. Water Resources Research,1985,21(12):1797-1818.

[152] WONG,Hugh S,Sun,Ne,zheng. Optimization of conjunctive use of surface water and ground water with water Quality constraints[J]. Proceeding soft the Annual Water Resources Planning and Management Conference,1997:56-68.

[153] KUMAR Arun Minocha. Vijay K. Fuzzy optimization model for water quality management of a river system[J]. Journal of Water Resources Planning and Management,1999,125(3):179-190.

[154] JAHANGIR Morshed,Jagath J. Kaluarachchi. Enhancements to genetic algorithm for optimal ground water management[J]. Journal of Hydrologic Engineering,2000,51(1):67-73.

[155] M. W. Rosegrant,C. Ringler, D. C. McKinney,et al. Integrated economic-hydrologic water modeling at the basin scale : the maiPo river basin[J]. Agricultural economics,2000,24(1):33-46.

[156] MINSKER. B S,Padera. B,Smalley. J B. Efficient methods for including uncertainty and multiple objectives in water resources management models using Genetic Algorithms[J]. International Conference on Computational Methods in Water Resources,Calgary,2000:25-29.

[157] JORGE Nielsa,Rosa Duarte. An Economic Model for water Allocation in North Eastern spain[J]. Water Resources Development,2001,17(3):397-410.

[158] UJJAYANT,Chakravorty,Chieko Umetsu. Basinwide water management:a spatial model[J]. Journal of Environmental Economies and management. 2000,45(1):1-23.

[159] B. AbolPour,M. Javan,M. Karamouz. Water allocation improvement in river basin using Adaptive Neural Fuzzy Reinforcement Learning Approach [J]. Applied Soft Computing, 2007, 7 (1):265-285.

[160] B. JC. perera,B. James,M. D. U. Kularathoa. Computer software tool realm for sustainable water allocation and management[J]. Journal of Environmental Management,2005:291 - 300.

[161] CAO Lianhai,LI Zhiping,CHEN Nanxiang. Optimal allocation of multi－objective water resources based on genetic algorithm[J]. 2010 Third International Conference on Information and Computing,2010:194 - 197.

[162] HAOFANG WANG,Wenyan CHEN. Fuzzy Evaluation of River Basin Water Resources Allocation [J]. 2009 International Conference on Artificial Intelligence and Computational Intelligence,2009:496 - 499.

[163] 袁宏源. 人民胜利渠最优运行策略的研究[J]. 海河水利,1985(5):4 - 9.

[164] 贺北方. 区域水资源优化分配的大系统优化模型[J]. 武汉水利电力学院学报,1988(5):109 - 118.

[165] 贺北方. 区域可供水资源优化分配与产业结构调整——大系统逐级优化序列模型[J]. 郑州工学院学报,1989(1):56 - 62.

[166] 沈佩君,邵东国,郭元裕. 南水北调东线工程优化规划混合模拟模型研究[J]. 武汉水利电力学院学报,1991(4):395 - 402.

[167] 唐德善,周之豪,许连成. 动态规划法在复杂水资源系统分析中的应用[J]. 运筹与管理,1993,(zl):48 - 54.

[168] 王浩,王建华,秦大庸. 流域水资源合理配置的研究进展与发展方向[J]. 水科学进展,2004,15(1):123 - 128.

[169] 卢华友,郭元裕,沈佩君,等. 义乌市水资源系统分解协调决策模型研究[J]. 水利学报,1997,(6):40 - 47.

[170] 丁志雄,陈南祥,苏万益. 地下水资源系统人工神经网络模型的建立与应用[J]. 工程勘察,1999,(2):42 - 45.

[171] 谢乐云. 模糊数学在水资源价值研究中的应用[J]. 华东地质学院学报,2000(1):43 - 44,86.

[172] 董贵明,束龙仓,陈南祥,等. 南水北调中线河南受水区水资源优化配置研究[J]. 工程勘察,2007,(4):18 - 22.

[173] 董贵明. 基于 GIS 的南水北调中线工程河南受水区水资源优化配置决策支持系统研究[D]. 郑州:华北水利水电学院,2006.

[174] 曹大为. 基于遥感 ET 技术的河北省馆陶县水资源优化配置研究[D]. 兰州:甘肃农业大学,2008.

[175] LV Jiqiang,MO Shuhong,SHEN Bing. Optimal Allocation of Water Resources Based on Dependent Chance Goal Programming[J]. 2010 Mechanic Automation and Control Engineering(MACE),2010:5128 - 5131.

[176] NIU Wenjuan,WANG Huimin. Multi－level Multi－object Inter－basin Water Resources Allocation Model Based on the Evolution of Coordination Degree[J]. 2008 International Conference on Management Science & Engineering(15th),2008:153 - 160.

[177] GUO Longzhu,Peng Shizhang. Research on Allocation Schemes of Water Resources Sustainable Utilization Based on Global Optimization[J]. 2009 International Conference on Management and Service Science,2009:1 - 4.

[178] WEI Huang. An Emprical Study on Optimization Method of Allocation Water resources[J]. 2010 International Conference on E－Business and E－Government,2010:725 - 728.

[179] MA Weifang,WEN Junliu. Study on Fuzzy Optimization Allocation of Reclaimed and Natural Water Resources[J]. The 2nd International Conference on Bioinformatics and Biomedical Engineering,2008:3553 - 3558.

[180] 伍爱华. 多目标蚁群遗传算法及其在区域水资源配置问题中的应用[D]. 长沙:湖南大学,2008.

[181] 刘喜峰. 智能决策在水资源优化配置中的应用研究[D]. 哈尔滨:黑龙江大学,2012.

[182] 朱兴华.引汉济渭工程水源联合调度应用研究[J].水利规划与设计,2012(6):13-16.

[183] 马永胜,惠蕾,高小芳.基于引汉济渭工程的水库联调系统开发与应用[J].陕西水利,2016(2):122-123.

[184] 刘斌,张刚,解建仓,等.引汉济渭工程水库适应性调节主题服务研究[J].水利水电技术,2017,48(8):24-30.

[185] 杨晓茹,费良军,张永永,等.引汉济渭调水工程受水区水资源优化配置研究[J].水利与建筑工程学报,2012,10(4):6-10,54.

[186] 畅建霞,姜瑾.引汉济渭调水工程水资源配置研究[J].自然资源学报,2011,26(1):110-118.

[187] SL 538-2011,水利信息处理平台技术规定[S].

[188] 解建仓,罗军刚.水利信息化综合集成服务平台及应用模式[J].水利信息化,2010(4):18-22.

[189] 孙小梅.基于CBR的渭河水量调度研究[D].西安:西安理工大学,2016.

[190] 张晓,肖瑜,宋晗,等.引汉济渭工程水量调配综合服务平台的应用实践[J].水利水电技术,2017,48(8):18-23.

[191] 张刚.洪水预报模型组件化及集成应用[D].西安:西安理工大学,2010.

[192] 张刚,解建仓,罗军刚.洪水预报模型组件化及应用[J].水利学报,2012,42(12):1479-1486.

[193] 岳昆,王晓玲,周傲英.Web服务核心支持技术研究综述[J].软件学报,2004,15(3):428-434.

[194] 张晓,罗军刚,解建仓.基于综合服务平台的动态纳污能力计算模式研究[J].沈阳农业大学学报,2015,46(4):449-455.

[195] 张晓.基于综合服务平台的水功能区动态纳污能力仿真系统研究[D].西安:西安理工大学,2014.

[196] KLINE P,Moretti E. Local economic development,agglomeration economies,and the big push:100 years of evidence from the Tennessee Valley Authority[J]. The Quarterly Journal of Economics,2014,129(1):275-331.

[197] TENNESSEE Valley Authority[EB/OL]. http://www.tva.gov/,2011-04-27.

[198] R. 施塔德勒,陈桂蓉,张兰.多瑙河流域跨界管理[J].水利水电快报,2009,30(9):12-13,27,14-15,21.

[199] HINCHLIFFE S. South East Queensland Regional Plan 2009-2031[M]. Department of Infrastructure and Planning,Southern Region Division,2009.

[200] DREIZIN Y,Tenne A,Hoffman D. Integrating large scale seawater desalination plants within Israel's water supply system[J]. Desalination,2008,220(1-3):132-149.

[201] KIM S H,Oh H,Jung J,et al. A Study on the Development of Smart Water Grid Service[J]. Journal of the Korea Academia-Industrial cooperation Society,2012,13(12):6143-6150.

[202] 张勇传,王乘.数字流域——数字地球的一个重要区域层次[J].水电能源科学,2001,19(3):1-3.

[203] 周晓峰,王志坚.数字流域剖析[J].计算机工程与应用,2003(3):104-106.

[204] 袁艳斌,张勇传,袁晓辉,等.以主题式点源数据库为核心的数字流域层次开发模式[J].水电能源科学,2001,19(3):23-25.

[205] 汤君友,高峻峰.数字流域研究与实践[J].地域研究与开发,2003,22(6):49-51.

[206] 牛冀平.数字流域的正交软件体系结构研究[J].黄冈师范学院学报,2003,23(6):35-37.

[207] 刘吉平,王乘,袁艳斌,等.数字流域中的空间信息及其应用框架结构研究[J].水电能源科学,2001,19(3):18-22.

[208] 张秋文,张勇传,王乘,等.数字流域整体构架及实现策略[J].水电能源科学,2001,19(3):4-7.

[209] 朱庆平."数字黄河"工程规划项目综述[J].人民黄河,2003,25(8):1-2.

[210] 熊忠幼,张志杰.实现"数字长江"宏伟构想[J].中国水利,2002(4):45-47.

[211] 汪定国,王乘,张勇传."数字清江"工程实现策略及进展(I)[J].湖北水力发电,2002,48(3):1-3.

[212] 李国英.建设"数字黄河"工程[J].中国水利,2002,23(2):29-32,80.

[213] "国家智能水网工程框架设计研究"项目组.水利现代化建设的综合性载体-智能水网[J].水利发展研究,2013(3):1-5,24.

[214] 孙国庆.智慧水务关键技术研究及应用[J].水利信息化,2018(1):46-49.

[215] TAESOONKIM,Jun-HaengHeo,Chang-SamJeong. Multireservoir system optimization in the Han River basin using multi-objective genetic algorithms[J]. Hydrol. Process. 2006(9).

[216] LIN,N. M.;Rutten,M. Optimal Operation of a Network of Multi-Purpose Reservoir:A Review. Procedia Eng. 2016,154,1376-1384.

[217] XIAOMEI Sun,Jungang Luo,Jiancang Xie. Multi-objective optimization for reservoir operation considering water diversion and power generation objectives. Water. 2018(11).

[218] DEB,K.;Pratap,A.;Agarwal,S.;Meyarivan,T. A fast and elitist multiobjective genetic algorithm:NSGA-Ⅱ. IEEE Trans. Evol. Comput. 2002,6,182-197.

[219] LEE,J. S.;Choi,L. C.;Park,S. C. Multi-Objective Genetic Algorithms,NSGA-Ⅱ and SPEA2, for Document Clustering. Commun. Comput. Inf. Sci. 2011,257,219-227.

[220] CHOUIKHA,I.,Bree,A.,Moulin-Schouleur,M.,Gilot,P.,Germon,P. Differential expression of iutA and ibeA in the early stages of infection by extra-intestinal pathogenic E. coli. Microbes Infect. 2008,10,432-438.

[221] QI,Y. T.;Ma,X. L.;Liu,F.;Jiao,L. C.;Sun,J. Y.;Wu,J. S. MOEA/D with Adaptive Weight Adjustment. Evol. Comput. 2014,22,231-264.

[222] 王丽萍,丰美玲,邱飞岳,等.递归替换寻优策略的分解多目标进化算法[J].小型微型计算机系统, 2018,39(06):1135-1141.

[223] 麻蓉.引汉济渭秦岭输水隧洞水力、水质动态模拟分析[D].西安:西安理工大学,2018.

[224] 罗涛,王大川,王灿.引汉济渭大型深埋无压隧洞断面优化设计[J].人民黄河,2014,36(12):97-100.

[225] 彭穗萍,刘斌.基于四水源联合调度的引汉济渭工程运行方式研究[J].中国水利,2013(20):22-23.

[226] 杨柳,汪妮,解建仓,等.跨流域调水与受水区多水源联合供水模拟研究[J].水力发电学报,2015, 34(6):49-56,212.

[227] 罗光明,侍克斌.水资源合理配置研究现状及有关问题探讨[J].水资源与水工程学报,2009,20(5):63-66.

[228] 张成凤.基于遗传算法的榆林市水资源优化配置的研究[D].杨凌:西北农林科技大学,2008.

[229] 张翠萍.面向生态的区域水资源优化配置与建模研究[D].武汉:华中科技大学,2007.

[230] SCHAFFER JD. Multiple objective optimization with vector evaluated genetic algorithms[J]. International Conference on Genetic Algorithms,1985,2(1):93-100.

[231] COELLO CAC. Evolutionary multi-objective optimization:a historical view of the field[J]. IEEE Comput Intell M,2006,1(1):28-36.

[232] CARLOS FM,Peter JF. Genetic algorithms for multi-objective optimization:formulation,discussion and generalization[J]. Proceedings of the Fifth International Conference on Genetic Algorithms,1993,416-423.

[233] JEFFREY H,Nicholas N,David EG. A niched pareto genetic algorithm for multi—objective optimization[J]. Proc First IEEE Conf Evol Comput,IEEE World Congress Comput Intell 1,1994:82-87.

[234] SRINIVAS N,Deb K. Multi-objective optimization using nondominated dorting in senetic algorithms[J]. Evol Comput,1994,2(3):221-248.

[235] ZITZLER E,Thiele L. Multi-objective evolutionary algorithms:a comparative case study and the strength pareto approach. IEEE T Evolut Comput,1999,3(4):257-271.

[236] ZITZLER E,Laumanns M,Thiele L. SPEA2:improving the strength Pareto evolutionary algorithm for multiobjective optimization[J]. Evol Methods Design,Optimisation Control Appl Ind Probl,2002,95 − 100.

[237] KNOWLES JD,Corne DW. Approximating the nondominated front using the Pareto archived evolution strategy[J]. Evol Comput,2000,8(2):149 − 172.

[238] CORNE DW,Knowles JD,Oates MJ. The pareto envelope − based selection algorithm for multiobjective optimization[J]. Proc Parallel Problem Solving Nature VI Conf,2000,839 − 848.

[239] CORNE DW,Jerram NR,Knowles JD,Oates MJ. Region − based selection in evolutionary multiobjective optimization:PESA − II[J]. Proc Genet Evol,2001,1:283 − 290.

[240] DEB K,Pratap A,Agarwal S,Meyarivan T. A fast and elitist multi − objective genetic algorithm:NSGA − II[J]. IEEE T Evolut Comput,2002,6(2):182 − 197.

[241] ZHANG Q,Li H. MOEA/D:a multi − objective evolutionary algorithm based on decomposition[J]. IEEE T Evolut Comput,2007,11(6):712 − 731.

[242] DASGUPTA D,Yua S,Nino F. Recent advances in artificial immune systems:models and applications[J]. Appl Soft Comput,2011,11(2):1574 − 1587.

[243] COELLO CAC,Cortes NC. Solving multiobjective optimization problems using an artificial immune system[J]. Genet Program Evol M,2005,6(2):163 − 190.

[244] HU ZH. A multi − objective immune algorithm based on a multiple − affinity model[J]. European Journal of Operational Research,2010,202(1):60 − 72.

[245] GONG MG,Jiao LC,Du HF,Bo LF. Multi − objective immune algorithm with nondominated neighbor − based selection[J]. Evol Comput,2008,16(2):225 − 255.

[246] KIM JH,Han JH,Kim YH,Choi SH,Kim ES. Preference − based solution selection algorithm for evolutionary multi − objective optimization[J]. IEEE T Evolut Comput,2012,16(1):20 − 34.

[247] 王铁,王艳龙. 区域水资源优化配置效果评价体系研究[J]. 东北水利水电,2005,12(23):6 − 8.